中国高等院校艺术设计通用教材

装饰材料与工艺

■ 王南杰 主编

方学兵 金刚 周培 武恒 编著

DECORATIVE
MATERIALS & TECHNIQUE

合肥工业大学出版社

U0737229

中国高等院校艺术设计通用教材

中国高等院校艺术设计通用教材

装饰材料与工艺

方学兵　金刚　周培　武恒　编著

■ 王南杰　主编

DECORATIVE
MATERIALS & TECHNIQUE

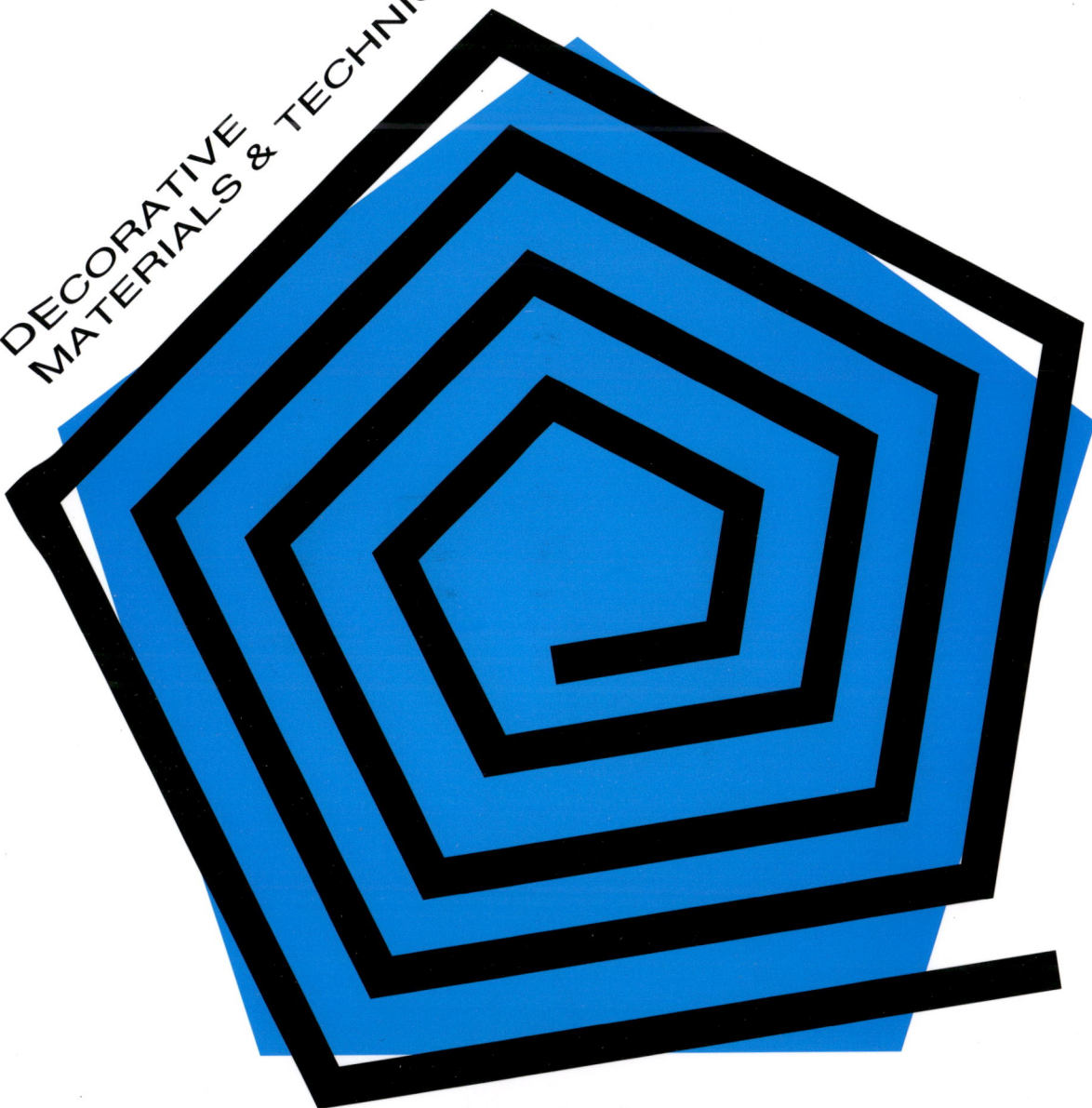

合肥工业大学出版社

序

　　艺术设计在社会需求大幅增长的背景下，愈来愈受到人们的重视和青睐。设计作为一门学科受到越来越多的关注，各类院校纷纷创办艺术设计专业，设计类的生源呈现无比繁荣的景象。如何训练和培养优秀而出色的设计人才？这是始终萦绕着设计教育的话题。理想的教育实践，应该是在浓郁的艺术氛围中，形成凸显人文价值取向和美学追求的现代设计教学体系，培养学生解决实际问题的能力，使学生有一定的思想力和实践力；也就是强调艺术思维的训练和人文素质的培养，使学生在"道与器"、"艺术与技术"的关系平衡中获得思想的解放和创造的自由。只有创立和丰富审美意识、技术意识、人文意识，他们在以后的设计道路上才能始终保持追求理想的开放心灵和积极姿态。

　　今天，艺术设计无论数量还是质量都发生了巨大的变化。随着东西方文化交流的日益频繁和加深，在设计国际化、民族化的进程中，我国的设计教育更应该胸怀世界、放眼未来。

　　设计是什么？为谁设计？如何设计？这些一直是设计家和教育者关注和争议的问题。但艺术设计重理论和实践结合，重科学和艺术结合是不争的事实；艺术设计必须在此基础上追求独特性、独立性也显而易见。中国的艺术设计教育脱胎于传统的的美术教育体系，与美术依然也永远有着千丝万缕的关系，它们不容割裂；但是今天它又面临着更丰富的世界艺术文化的挑战和选择。厚此薄彼、抛弃和忽视哪一种文化之源都无益于艺术的进步。当今新观念、新技术、新工艺、新手段日新月异，不断改变正在前进和发展中的设计事业，我们应及时吸纳、充实和融合，打造和丰满优良的艺术设计教育体系，促使艺术设计向更广更深的层次推进。

　　"中国高等院校艺术设计通用教材"系列对基础教育和专业设计的教学课程、培养目标、教学目的进行了新的梳理和探索，注重传统与现代理论的衔接，更强调教学的一致性和贯穿性，利于学生掌握传统知识和现代设计手法，培养崭新的设计理念，以适应社会的需求。希望本套教材能为大家提供设计教学与实践的思考和参照，为设计教育大业添砖加瓦。

2011年1月

内容简介

　　本书主要内容包括装饰材料讲解和施工工艺规范讲解两大部分，共四章：第一章介绍建筑装饰材料的概念；第二章介绍建筑装饰工程与装饰材料基本知识；第三章介绍装饰材料的分类及其特征，本章为重点内容，为各类材料的细分及性能特征详细讲解；第四章介绍装饰工艺构造及施工规范，本章也为重点内容，从装饰实务出发，依照装修工程施工规范为实例，对工程主要十三项施工工艺进行详细说明。

　　本书涉及范围广泛，内容详尽，理论讲解细致、严谨，条理清晰，语言朴实，图文并茂。可作为应用型本科院校和高职高专院校建筑学、室内设计、环境艺术设计和建筑装饰设计等专业的教材使用，还可以作为设计爱好者的自学辅导用书。

目录

6

第一章　建筑装饰材料的概念　7
　第一节　建筑装饰材料的概念　7
　第二节　建筑装饰材料的作用　7
　第三节　建筑装饰材料的选择　9

12

第二章　建筑装饰工程与装饰
　　　　材料基本知识　13
　第一节　建筑装饰工程的内容　13
　第二节　建筑装饰材料的表现力　14
　第三节　建筑装饰材料的分类　17

20

第三章　装饰材料的分类及其特征　21
　第一节　木材　21
　第二节　石材　30
　第三节　金属装饰材料　42
　第四节　陶瓷　48
　第五节　玻璃装饰材料　55
　第六节　涂料装饰材料　68
　第七节　纤维织物　79
　第八节　石膏　87

94

第四章　平面设计中的图形　95
　第一节　大理石（花岗石）地面　95
　第二节　磁砖地面　97
　第三节　木地板地面　98
　第四节　地面地毯铺设　99
　第五节　磁砖墙面　101
　第六节　木材表面油漆涂饰　102
　第七节　混凝土及抹灰表面刷乳胶漆　104
　第八节　裱糊壁纸　106
　第九节　轻钢骨架石膏顶棚　109
　第十节　玻璃隔墙安装　110
　第十一节　壁柜、吊柜及固定家具安装　111
　第十二节　卫生洁具安装　113
　第十三节　开关、插座面板、灯具安装　115

参考文献　119

后　记　119

引言

随着中国经济建设的发展和社会转型，审美文化也趋向多元化，从宜居到雅居，人们对生活、生产环境要求越来越高，社会的设计意识在整体提高，人们对设计的期望也越来越高。

任何一门专业都有着自己科学的工作和学习方法，装饰材料与工艺也不例外，环境艺术设计就其空间呈现方式而言，实际上就是各种装饰材料的组合和构成，对于装饰材料的掌握就等于掌握了装饰设计的基本元素，对于施工工艺的了解更有利于运用材料并把握最终设计效果。

装饰材料与工艺主要是对现有常用装饰材料的了解与把握，对其性能和特征分类讲解，并附设计作品。施工工艺部分内容是从装饰实务出发，依照装修工程施工规范为实例，对工程主要十三项施工工艺进行详细说明。通过学习可以把装饰材料和施工工艺知识转化为设计创新的重要工具。本教材理论知识与设计实践的相关性较强，注重经验积累和市场新动向，关注科技发明及新技术的市场应用。本教材通过多方位、广角度的表述，特别是实际应用的剖析与说明，使学习者"得其道、专其业，领其行"。

1

建筑装饰材料的概念

建筑及其装饰与材料从古至今都是人类文明的一个象征，它与历史文化、经济水平和科学技术的发展有着密不可分的联系，凝聚了人类的智慧和审美特质。人们把设计新颖、造型美观、色彩适宜的建筑称为"凝固的音乐"，而装饰材料就是音乐中的音符。

第一章 建筑装饰材料的概念

建筑及其装饰与材料从古至今都是人类文明的一个象征，它与历史文化、经济水平和科学技术的发展有着密不可分的联系，凝聚了人类的智慧和审美特质。人们把设计新颖、造型美观、色彩适宜的建筑称为"凝固的音乐"，而建筑装饰材料则是凝固乐章的一个个音符。建筑装饰性的体现，很大程度上仍受到建筑装饰材料的制约，尤其受到材料的光泽、质感、图案、花纹等装饰特性的影响。为了实现建筑技术与建筑艺术相结合的目的，建筑装饰工程要求其设计和施工人员，必须了解建筑装饰材料的种类，熟悉建筑装饰材料的性能和特点，掌握各类建筑装饰材料的变化规律，以达到善于在不同工程和不同使用条件下，能合理选择和正确使用建筑装饰材料，做到既能完善地表达设计意图，又能达到经济、合理和耐久的功能用途。

图1-1 欧式传统建筑的石材材料具有鲜明的地域特征命力

第一节 建筑装饰材料的概念

建筑装饰材料工业在我国起步较晚，随着国家城镇化建设步伐，尤其进入20世纪90年代以来，发展非常迅速，装饰材料已开始向高性能、复合化、预制化、标准化和绿色化方向发展。

建筑装饰材料是建筑材料的重要组成部分。一般来讲，它是指土建工程完成之后，对建筑物的室内空间和室外环境进行功能和美化处理而形成不同装饰效果所需用的材料。

第二节 建筑装饰材料的作用

现代建筑对设计者和建造者提出了更高的要求，要求他们要遵循美学的原则，创造出具有提高审美意义的优良空间环境，使人的身心得到平衡，情绪得到调节。装饰材料对建筑物的审美效果和功能发挥起着很大作用，一般是通过装饰材料的造型、色调、质感和构成等方面具体体现。室内外的使用环境不同，所用建筑装饰材料的品种和性能也有所差异。

图1-2 不同材质的色彩关系会对空间产生重要的影响

图1-3 用现代材料和工艺来演绎幻化新的生命力

图1-4 用现代材料和工艺来演绎幻化新的生命力

一、外墙装饰材料的作用

外墙装饰材料是对建筑物外部进行装饰，主要有两大作用：一是美化了建筑物的立面，是建筑物形成功能、文化和周边环境协调的综合作用；二是对建筑物起到保护作用。使其提高对大自然风吹、日晒、雨淋、霜雪、冰雹等侵袭的抵抗能力，以及对腐蚀性气体及微生物的抗侵蚀能力，从而有效地提高建筑物的耐久性，使其使用寿命延长，降低维修费用。

一些新型、高档的装饰材料，除了具有装饰和保护作用外，往往还具有一些特殊功能，如：现代建筑中大量采用的吸热或热反射玻璃幕墙，可以对室内产生"冷房效应"；采用中空玻璃，可以起到绝热、隔音及防结露等作用。

二、室内装饰材料的作用

建筑室内装饰主要包括吊顶、墙面及地面三个部分。美化并保护墙体和地面、顶棚基材，保证室内使用功能，并能调节室内"小环境"，调节室内的适宜温度、湿度、空气和光线的作用，创造一个舒适、整洁、美观的生活和工作环境。例如，在影剧院、会议室的顶棚和内墙壁上铺装隔热吸声板，可取得良好的混响效果，使音质清晰优美。

第三节　建筑装饰材料的选择

人们进行装饰设计的目的就是要创造环境，这种环境应该是自然环境与人造环境的高度和谐与统一。作为优秀的设计人员，应在熟悉各种装饰材料内在构造和有关美学理论的基础上，充分考虑到各种装饰材料的适用范围，在选择材料时注意考虑以下几方面的问题：

一、考虑装饰建筑及室内空间的类型和档次

建筑的种类繁多，不同功能的建筑对装饰的要求也各不相同，即

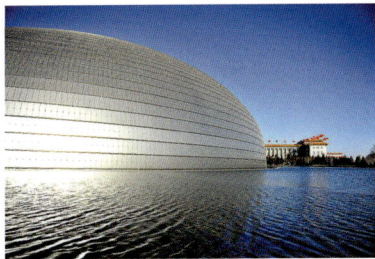

图1-5 博物馆室内环境对装饰材料有着特殊的要求

图1-6 新型外墙装饰材料的使用对建筑起到保护作用

图1-7 装饰材料保证室内空间功能的实现

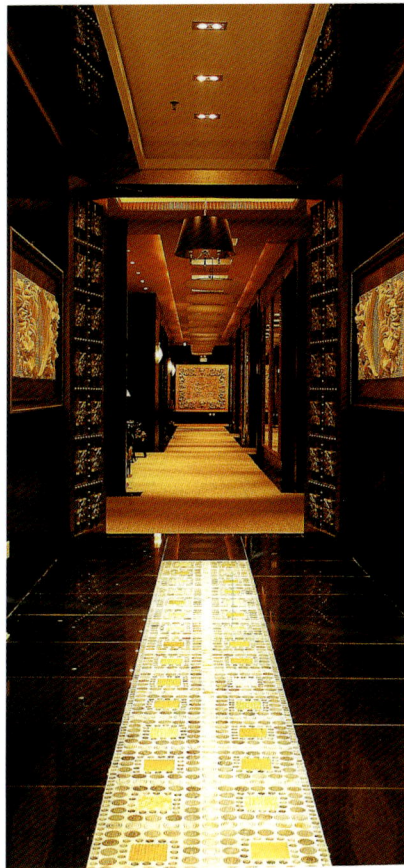

图1-8 博物馆室内环境对装饰材料有着特殊的要求

图1-9 住宅的室内装饰应围绕着为人提供一个舒适的环境而进行

图1-10 住宅设计的装饰材料反映不同的文化背景

图1-11 苏州博物馆大门设计

图1-12 苏州博物馆的石材质感与意境

图1-13 材料的尺度与空间环境密切相关

使同一类的建筑，也会因为设计的标准不同，对装饰的要求也不一样。通常建筑的装饰标准有高级、中级、普通之分。

住宅是人们生活的主要场所。除了工作时间以外，人的大部分时间是在住宅里度过的。因此，住宅的室内装饰应围绕着为人提供一个舒适亲和的环境而进行。例如：木质地板舒适、保温，在卧室、起居室铺设比较合适。

办公室、教室、图书馆、高级宾馆和大型商场等其他建筑。根据建筑本身等级不同所选择材料的档次应有所不同。例如：花岗石镜面板材耐磨，装饰效果好，适合用于高级宾馆中人流较多的公共部分（如大厅、走廊、楼梯等）；塑料地板耐磨、有弹性，适合用于办公室；化纤地毯、混纺地毯防滑、消音、价格较高，适合用于宾馆；纯毛手工编织地毯高雅、豪华，装饰效果极好，但是价格昂贵，只适合用于少数高档宾馆和会议中心等场所。

二、要考虑装饰材料的质感、尺度、色彩对装饰效果的影响

质感是材料物理结构在表面显示出的特殊的视觉和触觉感受，材料的质感能在人的心理上产生反应引起联想。一般说来，材料的这种心理诱发作用是非常明显和强烈的。例如，光滑、细腻的材料，富有优美、雅致的感情基调，当然也会给人以一种冷漠、傲然的心理感觉；材料的尺度、线型、纹理，对装饰效果也会产生影响。

尺度是指材料的大小尺寸应适中，符合一定比例，尤其是考虑与人的心理尺度关系。例如，大理石板材用于厅堂，可以取得很好的效果，但是如果用于居室，则由于尺度太大，会失去与人的亲和关系。

纹理是指要充分利用材料本身固有天然纹样、色泽及质感等的装饰效果，或利用人工仿制天然材料的各种纹路与质感，以求在装饰中获得或朴素、或淡雅、或高贵、或凝重的各种装饰气氛。如仿大理石、仿鎏金、仿木质贴面、仿皮革效果等等。

线型在某种程度上应将其视作建筑装饰整体质感的一部分，线条的表现力丰富，或流畅婉转，或刚劲有力，或古朴典雅等会产生微妙的情感。例如，用铝合金压型装饰板装饰外墙面，可以获得具有凹凸线型的效果。

装饰材料的色彩，应根据设计对象的空间尺度、功能及其所处的环境目标进行综合考虑。色彩规划与设计应力求复合功能实用和传递准确的信息，以期在生理和心理上均能产生良好的适应性。

色彩包含的信息是丰富的，是文化表达元素，不同文化背景对色彩的解读和演绎是有差异的，可以表达建筑或空间的设计理念、形式风格、文化精神、文化信息；色彩也是功能表达元素，通过千变万化的色彩属性进行不同的色彩配置，可以准确表达空间功能、环境气氛、适应度等功能作用。

三、要考虑装饰部位的使用环境和使用功能

材料在不同的使用场所呈现不同的性状，因此要根据材料的特性来选择合适的材料。例如：南方住宅的客厅常用陶瓷地砖铺设，整洁、凉爽；北方寒冷地区宜选用有一定隔热保温性能的木地板较为合适。在有水的地面还应考虑防滑，如卫生间浴室的地面，最好选用防滑的陶瓷锦砖，在人流集中的商店、候车厅的地面，应选择耐磨性能好的陶瓷地砖或花岗石贴面。

由此可见，在选择装饰材料时，需要根据建筑的类型、档次和使用部位的具体要求，来巧妙合理地运用材料的质感、线型和色彩，以便使建筑装饰满足一定的功能，适应一定的环境，发挥出最佳的装饰效果。

思考题：

1. 简述建筑装饰材料的作用。
2. 装饰材料的选择从哪几个方面进行考虑。

图1-14 木质纹理产生亲和感

图1-15 不同的装饰色彩表达不同的情感

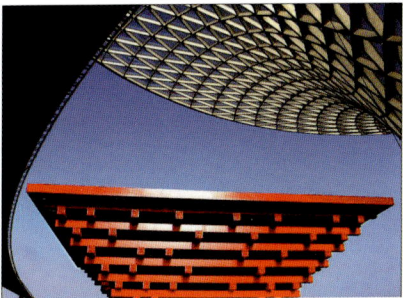
图1-16 现代建筑的装饰色彩包涵了文化信息

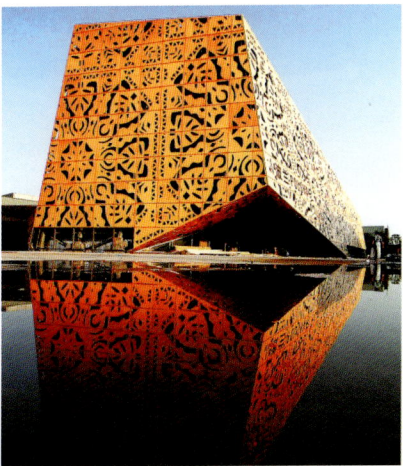
图1-17 世博会波兰馆建筑装饰展示了文化特征

2

建筑装饰工程与装饰材料基本知识

建筑装饰是一门复杂的综合学科，它不仅
涉及建筑学、社会学、民俗学、心理学、
人体工程学、土木工程等学科，也涉及艺
术设计、环境保护、家具陈设等领域，是
对建筑空间设计的继续、深化和发展。

第二章　建筑装饰工程与装饰材料基本知识

现代建筑装饰行业是由土木建筑行业中逐渐分离出来的，经过不断的完善充实，已成为一个独立的专业体系。建筑装饰是一门复杂的综合学科，它不仅涉及建筑学、社会学、民俗学、心理学、人体工程学、土木工程等学科，也涉及艺术设计、环境保护、家具陈设等领域。因此，建筑装饰是集建筑风格、结构、装饰材料、美学心理等多门科学技术于一体的综合形态，建筑装饰设计是对建筑空间设计的继续、深化和发展。

图2-1 现代建筑装饰是技术与艺术的结合

第一节　建筑装饰工程的内容

建筑装饰工程的内容，按国家标准《装饰工程施工及验收规范》的规定，包括如下工程内容：抹灰工程、刷浆工程、油漆工程、玻璃工程、裱糊工程、饰面工程、罩面板和花饰工程等八项内容。但是，现在建筑装饰工程的内容或范围，却要宽广得多，除了建筑的主体工程和部分设备的安装之外，剩余的一切建筑工程项目都被包括在建筑装饰工程的范围之内。

一、建筑装饰施工的建筑类型范围

建筑，通常被分为民用建筑（包括居住建筑和公共建筑）、工业建筑、农业建筑、军事建筑及构筑物等几大类。目前，装饰施工的领域主要限于民用建筑和工业建筑，且以民用建筑中的公共建筑为主要对象。一般包括商业类建筑、办公类建筑和居住类建筑，由于生活水平的提高，人们对装饰要求也越来越高。

二、建筑装饰施工的部位范围

建筑装饰所涉及的主要是可接触到或可见到的部位这一范畴。建筑中一切与人的视觉和触觉有关的，能引起人们视觉愉悦和产生舒适感的部位都有装饰的必要。对室外而言，建筑的外墙面、入口、台阶、门窗（含橱窗）、檐口、雨篷、屋顶、柱及各种小品、地面等都

图2-2 大师的材质运用值得我们学习

图2-3 现代建筑装饰风格多样、材料丰富

须进行装饰。就室内而言，顶棚、内墙面、隔墙和各种隔断、梁、柱、门窗、地面、楼梯以及与这些部位有关的灯具和其他小型设备都在装饰施工的范围之内；并且，常常还要包括陈设品、家具、绿化及水体等的设置问题。

三、建筑装饰施工的工程项目范围

建筑装饰工程通常包括如下内容：墙面装饰工程、地面工程、顶棚工程、门窗工程（此项常与铝合金工程合并）、照明工程等。视具体情况，同时还包含：隔断工程（此项也常并入铝合金工程）、家具工程、铝合金工程（指其他的铝合金装饰制作项目）、水卫工程、空调工程及建筑小品、装饰画、景观设置等等。

第二节　建筑装饰材料的表现力

建筑装饰材料的装饰性，是其主要性能要求之一。材料的装饰性，是指材料的外观特性给人的心理感觉效果。影响材料装饰性的因素很多，除了与材料自身的外观特性有关外，还与每个人的感受程度等因素有关。材料的外观特性，主要包括材料的颜色、光泽、透明性、表面组织、形状和尺寸等。

一、材料的色彩

色彩的表现是以材料为载体，与材料一起表达情绪，传递情感，成为影响人的生理和心理变化的重要因素，是构成人造环境的重要内容。色彩是最吸引人的，建筑色彩如朴素而美观的外衣，罩在建筑物外表上，利用材料的色彩来突出建筑的美。我国古建筑是色彩利用的典范，有助于丰富现代建筑艺术和形成新的建筑风格。

材料的色彩可分为三类：一类是材料本身具有的天然色彩特征和色彩美感，是不需要进行任何色彩加工和处理而具有的"自然美"，如天然石材（大理石、花岗石）、木材、竹材、黏土、秸秆等；一类是成品材料所具有的色彩，在表现中也无须经过后期色彩的加工和处理而具有的"机械美"；另一类是依据室内空间造型要求和实际表现的对象，采用多种加工技术和工艺手段对自然或成品材料进行色彩处理，改变材料的的本色，如木制品或金属表面涂装、纤维布染色、刻瓷彩绘砖、磨砂玻璃、铝板彩色喷涂等。

二、材料的光泽

当光线射到物体表面时，一部分光线被物体吸收，另一部分光线被物体反射，如果物体是透明的，还有部分光线透射过物体。若光线经物体表面反射后形成的光线是集中的，这种反射称为镜面反射；若反射的光线分散在所有的各个方向，这种反射称为漫反射。材料的光泽是有方向性的光线反射，它对形成于材料表面上的物体形象的清晰程度起着决定性的作用。

图2-4 色彩的表现是以材料为载体，与材料一起表达情绪，传递情感

图2-5 材料色彩的空间效果是具有重要作用

材料的光泽度与材料表面的平整程度、材料的材质、光线的投射及反射方向等因素有关。在建筑装饰常用材料中，釉面砖、磨光石材、镜面不锈钢等材料，均具有较高的光泽度；毛面石材、无釉陶器等材料，光泽度都较低，材料的光泽度，可用光电光泽计测定。

三、材料的透明性

材料的透明性，是指光线透过物体时所表现的光学特征，透明材料能够阻隔空气，延伸视线和扩大空间感觉的视觉特点。能透光透视的物体是透明体，如普通平板玻璃；能透光但不透视的物体为半透明体，如磨砂玻璃；不透光不透视的物体为不透明体，如混凝土。

在装饰工程设计和施工中，材料的透明性是非常重要的，应根据具体要求选好材料的透明性。如发光天栅的罩面材料，一般应选用半透明体，这样能将灯具外形遮住但能透过光线，既美观又符合室内照明需要；又如商业供销的橱窗，就应选用透明性非常高的浮法玻璃，从而使顾客能看清所陈列的商品。

四、材料的表面组织

材料的表面组织，是指材料表面呈现出的质感，它与材料的原料组成、生产工艺及加工方法等有关。材料的表面组织常呈现细致或粗糙、平整或凹凸、密实或疏松等质感效果，它与色彩相似，也能给人们不同的心理感受。如粗糙不平的表面组织，能给人以粗犷豪放的感觉；光滑细致的表面组织，则能给人带来细腻精美的装饰效果。

五、材料的形状和尺寸

材料的形状和尺寸能够影响空间尺寸的大小以及使用上是否合适

图2-6 不同的材质表面结构有着不同的光反射，构成了材料的视觉肌理

图2-8 不同材料的表面组织给人们不同的心理感受

图2-7 玻璃材料自发明以来一直成为建筑的重要材料，玻璃具有透明、延伸空间等视觉效果

图2-9 空间的结构体系和形式离不开材料有机组织

图2-10 商业环境是多种材料的有机组合

的感觉。设计师在进行装饰设计时，一般要考虑到人体尺寸的需要，对装饰材料的形状和尺寸作出合理的规定。同时，有些表面具有一定色彩或花纹图案的材料在进行拼花施工时，也需要考虑其形状和尺寸，如拼花的大理石墙面和花岗岩地面等。在装饰工程设计和施工时，只有精心考虑材料的形状和尺寸，才能取得较好的装饰效果。

第三节　建筑装饰材料的分类

室内设计材料的种类繁多，品种更新快，差异大，且分类方法各不相同。尽管材料有不同的分类方法，然而材料在实际的表现中始终体现出使用价值和审美功能，将技术与艺术融合。

一、按材料的发展历史分类

1. 原始的天然石材、木材、竹材、秸秆和粗陶。

2. 通过冶炼、焙烧加工而成的金属和陶瓷材料。

3. 以化学合成的方法制成的高分子合成材料，又称聚合物或高聚物，如聚乙烯、聚氯乙烯、涤纶、丁晴橡胶等。

4. 用有机、无机非金属乃至金属等各种原材料复合而成的复合材料，如塑铝板，有、无机复合涂料等。

5. 加入纳米微粒（晶粒尺寸为纳米级的超细材料）且性能独特的纳米材料，如纳米金属、纳米塑料、纳米陶瓷和纳米玻璃等。

二、按材料的化学成分分类

1. 有机材料：木材、竹材、橡胶等。

2. 无机材料：金属材料与非金属材料两种。

金属材料：黑色金属材料（铁及铁为基体的合金：纯铁、碳钢、合金钢、铸铁等）和有色金属材料（除铁以外的金属及其合金：铝与铝合金、镁及镁合金、钛及铁合金、铜与铜合金）。

非金属材料：非金属材料由非金属元素或化合物构成的材料。如水泥、人造石墨、特种陶瓷、合成橡胶、合成树脂（塑料）、合成纤维等。这些非金属材料因具有各种优异的性能，并迅速发展。

天然石材：大理石、花岗石、鹅卵石、黏土等。

陶瓷制品：氧化物陶瓷、碳化物陶瓷、氮化物陶瓷、金属陶瓷、复合陶瓷等。

胶凝材料：水泥、石灰、石膏等。

3. 高分子材料：塑料，如聚乙烯、聚氯乙烯、聚苯乙烯、ABS塑料、聚碳酸酯塑料、环氧塑料、有机玻璃、尼龙等。

4. 复合材料：塑铝板、玻璃钢、人造胶合板、三聚氢氨贴面板（防火板）、强化木质复合地板、氟碳涂层金属板、织物状复合地毯和墙纸、热反射玻璃等。

5. 纳米材料：纳米金属、纳米陶瓷、纳米玻璃、纳米高分子和纳米复合材料等。

三、按材料的状态分类

1. 固体：钢、铁、铝、大理石、陶瓷、玻璃、塑料、橡胶、纤维、粉末涂料等。

2. 液体：涂料（水性涂料、油性涂料）、黏结剂（黏结涂料），以及各种有机溶剂（稀释剂、固化剂、干燥剂等）。

四、按材料的主要用途分类

1. 用于结构或龙骨的材料：钢、铁、铝合金、混凝土等。

2. 墙面的材料：天然石材（大理石、花岗石）、木材及其加工产品、陶瓷面砖、玻璃、纺织纤维面料、地毯、墙纸、涂料、石膏板、塑料扣板、金属扣板等。

3. 用于顶面材料：石膏板、矿棉板、胶合板、塑料扣板、金属扣板、壁纸（布）、涂料等。

4. 用于地面的材料：实木地板、强化木质复合地板、塑料地板、陶瓷地面砖、防静电地板、大理石、花岗石、地毯等。

5. 用于家具的材料：人造板（胶合板、纤维板、中密度板、大芯板等）、木方块材、金属骨架等基材和各树种刨切薄木贴面板、防火板、塑料贴面板、石材（大理石、花岗石）饰面板、金属板等。

6. 五金配件。

五、按材料的色彩、肌理和心理感受分类

1. 色彩的明暗程度：色彩明度高的亮材和色彩明度低的暗材。

图2-11 各种石材的外观特征

2．视觉、触觉肌理和心理感觉：粗糙与细腻、硬与软、刚与柔、冷与暖、干与湿、轻与重、条纹状与颗粒状和网状等。

3．光亮度：亮光、半亚光和全亚光材料。

4．材料的透明度：透明材料、半透明材料和不透明材料。

六、材料的其他分类方式

1．按材料的加工方式分为：天然材料和人工加工材料。

2．按材料的外部形状分为：规则的立体型材、平面型材和不规则的异型材。

3．按材料的环保要求分为：有毒材料与无毒材料、有刺激味材料和无刺激味材料、有放射性材料和无放射性材料等。

4．按主要功能作用分为：吸音材料、保温隔热材料、防水材料、防腐防蛀材料、防火材料、防静电材料、防滑材料、防锈材料，以及性能特异的纳米材料。

装饰材料的品种繁多，可从各种角度进行分类，为方便学习、记忆和掌握装饰材料的基本知识和基本理论，一般均按装饰材料的化学成分分类。

图2-12 各种材料的特点

思考题：

1．现代建筑装饰工程的内容涵盖哪些部分？

2．装饰材料的如何分类的？

3．举例说明装饰材料的表现力。

4．结合实际设计作品说明装饰材料的色彩的功能。

3

装饰材料的分类及其特征

木材、石材、金属
陶瓷、玻璃、涂料
纤维织物、石膏

第三章　装饰材料的分类及其特征

第一节　木材

　　木材作为建筑装饰材料，具有许多优良性能，如轻质高强，有较高的弹性和韧性，耐冲击和振动，易于加工，保温性好，还有大部分木材都具有美丽的纹理、装饰性好等优点。但木材也有缺点，如内部结构不均匀，对电、热的传导极小，易随周围环境湿度变化而改变含水量，引起膨胀或收缩，易腐朽及虫蛀，易燃烧，天然疵病较多等。然而由于高科技的介入，这些缺点将逐步消失，将优质名贵的木材旋切薄片，与普通材质复合、变劣为优，满足消费者对天然木材喜爱心理的需求，木材是人类最早的建筑和家居材料，几千年一直伴随着文明发展，因此对人类来说，木材是亲和力高的材料之一。

图3-1　木质材料具有很强的亲和性，在居室使用非常广泛

一、木材基本知识

木材的分类

1. 按树叶分

木材的树种很多可分为针叶树和阔叶树两大类。

（1）针叶树

针叶树细长如针，多为常绿树，树干通直而高大，纹理平顺，材质均匀，木质较软，易于加工，故又称"软木材"。针叶树木强度较高，体积密度和胀缩变形较小，常含有较多的树脂，耐腐蚀性较强。针叶树木材是主要的建筑用材，广泛用于各种基材，承重构件、装修和装饰部件，常用的树种有红松、落叶松、云衫、冷杉、杉木、柏木等。

（2）阔叶树

阔叶树树叶宽大，叶脉成网状，大都为落叶树，树干通直部分一般较短，大部分树种的体积密度大，材质较硬，较难加工，又称"硬木材"。这种木材胀缩和翘曲变形大，易开裂，建筑上常用作尺寸较小的构件，有的硬木经加工后出现美丽的纹理，适用于室内装修、制作家具和胶合板等。常用的树种有榉木、柞木、水曲柳、榆木以及质地松软的桦木、椴木等。

2. 按加工程度分

按原木的加工方式可分为由锯切而得的板材、方材和刨切而得的微薄木片。板材、方材以截面边长的比与相对厚度的大小进行区别，微薄木片以厚度（mm）为表示单元。

木材属于天然建筑材料，其树种及生长条件的不同，构造特征有显著差别，从而决定着木材的使用性和装饰性。木材的构造可分为宏观和微观两个方面。

应用木材主要是从树干取材而得。树干是由树皮、木质部和髓心三部分组成。

（1）树皮

树皮是树干的外层组织，既是树干的保护层，又是储藏养分的场所和输送养分的渠道，树皮的外部形态、颜色、气味和质地是鉴别原木材树种的主要特征之一。

（2）木质部

木质部是树干最主要的部分，也是板、方材最主要的取材部分。木质部分为边材和心材两部分，靠近髓心颜色较深的部分，称为"心材"；靠近横切面外部颜色较浅的部分，称为"边材"。边材含水

图3-2 木质材料具有很强的亲和性，在居室使用非常广泛

图3-3 木材的树种分类很多

图3-4 木质纹理带来清新的自然气息

较多，强度较低，易翘曲和腐朽。心材含水较少，强度较高，不易变形，较耐腐朽。其利用价值比边材大。

（3）髓心

髓心在树干中心，质松软，强度低，易腐朽，易开裂，不可做结构材料使用。

（4）年轮

年轮是在横切面上深浅相同的同心环，称为"年轮"。年轮由春材（早材）和夏材（晚材）两部分组成。春材颜色较浅，组织疏松，材质较软；夏材颜色较深，组织致密，材质较硬。相同树种，夏材所占比例越多木材强度越高，年轮密而均匀，材质好。

木材的锯切方向不同所获得的表面纹理和物理特性也不同。

横切面（垂直于树轴的面）。在横切面上呈现树种的年轮特征，及纹理特征。硬度大，耐磨、易折断、难刨削，加工后不易获得光洁的表面。

径切面（通过树轴的纵切面）。在径切面上木材纹理呈条状，通直且近乎平行。径切面板材收缩率小，挺直、不易翘曲，牢固度好。

弦切面（平行于树轴的纵切面）。弦切面上木材纹理呈V状，自然优美，但易翘曲变形。

二、人造板材

人造板材是利用木材加工过程中剩下的边皮、碎料、刨花、木屑等废料，进行加工处理而制成的板材。人造板材主要包括胶合板、细木工板、纤维板、刨花板、木丝板和木屑板等几种。

人造板的利用，减少嵌缝处理，提高木质表面的平整度、装饰性和锯切、弯曲、组接等加工性能，而且提高了木材的利用率。

1. 胶合板

（1）胶合板的构成

胶合板是用原木经蒸煮软化，沿年轮旋切成薄片，再用胶粘剂按奇数层数，以各层纤维互相垂直的方向，粘合热压而成的人造板材。胶合板的最高层数为15层，建筑装饰工程常用的是三层板和五层板。我国目前主要采用水曲柳、椴木、桦木、马尾松及部分进口原木制成。

（2）胶合板的特征

胶合板幅面大而平整美观，不易干裂，避免因接缝而造成的不牢固性和整体美观性不佳。

图3-5 光的运用使空间强化了领域感和层次感

图3-6 木材的年轮

图3-7 木材的年轮

保持木材固有的低导热系数和电阻大的特性，并具有一定的隔热性、防腐性、防蛀性和良好的隔音、吸声和阻隔其他气体的性能。

易于加工，如锯切、组接、表面涂装。较薄的胶合板可在一定弧度内进行弯曲造型，较厚的胶合板可通过喷蒸加热使其软化，然后液压、弯曲、成型，并通过干燥处理，形状保持不变。

（3）胶合板的常用规格

胶合板常用规格的长宽1220×2440mm，胶合板的厚度为2.7mm、3mm、3.5mm、4mm、5mm、5.5mm、6mm……

（4）胶合板的应用与选择

主要用作各类家具、门窗套、踢脚板、窗帘盒、隔断造型、地板基材，表面可贴面或涂装。属于易燃材料，不能用于有电线的天花吊顶和大面积的隔断墙（除通过阻燃处理的局部造型外），同时胶合板含有一定的对人体有害的甲醛。

2．细木工板

（1）细木工板的构成与性能

细木工板又称大芯板。它是由上、下两层夹板，中间短小木条拼接压挤连接的芯材组成。具有较大的强度和硬度，耐热胀冷缩，板面平整，结构稳定，易于加工。规格长宽为1220×2440mm，厚度16mm、19mm、22mm、25mm。

（2）细木工板的应用与选择

作为其他贴面材料的基材，广泛用于板式家具、门窗套、门扇、地板、隔断等。

细木工板作较大门扇时不宜用通板做基材，而要锯切成条块组合结构架，否则易翘曲。

优质细木工板的板芯木条应该是：密度大、缩水率小的优质树种，而且木条的拼接密实度好，边角无缺损。

3．刨切薄木贴面板

（1）刨切薄木贴面板

刨切薄木贴面板是采用胡桃木、橡木、花梨木、枫木、楠木等珍贵树材，精密刨切制得厚0.2mm~0.5mm的微薄木片作面材，以胶合板（主要是三合板）、中密度纤维板、刨花板等为基材，采用黏合剂及先进的粘胶工艺制成。其纹理细腻、真实、立体感强、色泽美观，是板材表面精细装饰用材之一，用于高级室内墙面的装饰，也常用于门、家具等的装饰，幅面尺寸同胶合板。

图3-8 防腐处理的木质家具可以在室外使用

（2）刨切薄木贴面板的应用与技术要求

①使用前先通刷1~2遍透明漆，以保护表面薄木层，涂刷前不可用砂纸打磨。

②表现同一类型物体时要注意厚度、纹理、色泽、冷暖等对比与协调关系。

③避免长期在潮湿环境中使用。

④避免使用头较粗的直射钉。

4. 刨花板

刨花板又称碎料板，是将木材加工剩余物、小径木、木屑等物切削成一定规格的碎片，经过干燥，拌以胶料、硬化剂、防水剂等，在一定的温度、压力下压制成的一种人造板。

（1）刨花板优点

①有良好的吸音和隔音性能；

②各部分方向的性能基本相同，结构比较均匀；

③加工性能好，可按照需要加工或较大幅面的板件，根据用途选择厚度规格，不需要再在厚度上加工；

④易于实现自动化、连续化生产，便于储存；

⑤刨花板表面平整，纹理逼真，容重均匀，厚度误差小，耐污染，耐老化，美观，可进行油漆和各种贴面；

⑥不需经干燥，可以直接使用。

（2）刨花板缺点

①密度较重，因而用其加工制作的家具重量较大；

②刨花板边缘粗糙，容易吸湿，做家具边缘暴露部位要采取相应的封边措施处理，以防止变形；

③握螺钉力低于木材。

（3）刨花板的用途

刨花板在建筑装饰装修中主要用作隔断墙，室内墙面装饰板。使用中，通常需要在刨花板表面覆盖塑料贴面。未经贴面的刨花板多用于护墙板的基层板等，只起承托作用。中密度（650kg/m³、750kg/m³）刨花板和高密度（1000kg/m³）刨花板含胶量相当可观，可利用其制成可直接安装形式的半成品建筑装饰板。

（4）刨花板的规格

长宽为1220×2440mm，厚6mm、8mm、10mm、13mm、16mm、19mm、25mm、30mm。

木质材料造型的客厅设计具有一定艺术效果-1

木质材料造型的客厅设计具有一定艺术效果-2

木质材料造型的客厅设计具有一定艺术效果-3

5. 纤维板

纤维板是以植物纤维为主要原料，经破碎浸泡、热压成型、干燥等工序制成的一种人造板材，具有材质均匀、纵横强度差小、不易开裂等优点，用途广泛，发展纤维板生产是木材资源综合利用的有效途径。

通常按产品密度分非压缩型和压缩型两大类：非压缩型产品为软质纤维板，密度小于0.4g/cm³，质轻，空隙率大，有良好的隔热性和吸声性，多用作公共建筑物内部的覆盖材料；经过特殊处理得到孔隙更多的轻质纤维板，具有吸附性能，用于净化空气；压缩型产品有以下几种：

①中密度纤维板，又称半硬质纤维板。密度0.4g/cm³~0.8g/cm³，结构均匀，密度和强度适中，有较好的再加工性，产品厚度范围较宽，应用广泛。

②硬质纤维板。密度大于0.8g/cm³，产品厚度范围较小，在3mm~8mm，强度较高，多用于建筑、船舶和车厢等制造业。

图3-9 各种人造板材

三、 常用木装饰制品

木装饰是利用木材进行艺术空间创造，赋予建筑空间以自然典雅、明快富丽，同时展现时代气息，体现民族风格。不仅如此，木材构成的空间可使人们心绪稳定，这不仅因为它具有天然纹理和材色引起的视觉效果，更重要的是它本身就是大自然的空气调节器，因而具有调节温度，湿度，散发芳香，吸声，调光等多种功能，这是其他装饰材料无法与之相比的。按木材在室内装饰部位，分为地面装饰、内墙装饰和顶棚装饰。目前广泛使用的木材装饰制品种类繁多，下面重点介绍地板。

地板主要品种有实木地板（漆板和素板）、实木复合地板、强化复合地板；此外还有竹地板及软木地板等。

1. 实木地板

实木地板是木材经烘干，加工后形成的地面装饰材料。它具有花纹自然，脚感舒适，使用安全的特点，是卧室、客厅、书房等地面装修的理想材料。实木的装饰风格返璞归真，质感自然，在森林覆盖率下降，大力提倡环保的今天，实木地板则更显珍贵。实木地板分ＡＡ级、Ａ级、Ｂ级三个等级，ＡＡ级质量最高。

（1）实木地板主要树种

实木地板因材质的不同，其硬度、天然的色泽和纹理差别也较大，大致上有以下一些：槲栎（柞木）、花梨、重蚁木（依贝）、冰片香（山樟）、香二翅豆、甘巴对、鲍迪豆、坤甸铁樟（铁木）、山榄木等。

中等：柚木、印茄（菠萝格）、娑罗双（巴劳）、香茶茱萸（芸香）。

软：水曲柳、桦木。

浅色：水青冈（山毛榉）、桦木、山榄木。

中间色：槲栎、水曲柳、娑罗双、香茶茱萸。

深色：柚木、印茄、重蚁木、香二翅豆、木荚豆（品卡多）。

粗纹：柚木、槲栎、甘巴豆、水曲柳。

细纹：水青冈、桦木。

（2）实木地板铺设和保养要点

①地板应在施工后期铺设，不得交叉施工。铺设后应尽快打磨和涂装，以免弄脏地板或使受潮变形。

曼哈顿海滩别墅设计运用大量木质材料体现生态特征

②地板铺设前宜拆包堆放在铺设现场1~2天，使其适应环境，以免铺设后出现胀缩变形。

③铺设应做好防潮措施，尤其是底层等较潮湿的场合。防潮措施有涂防潮漆、铺防潮膜、使用铺垫宝等等。

④龙骨应平整牢固，切忌用水泥加固，最好用膨胀螺栓、美固钉等。

⑤龙骨应选用握钉力较强的落叶松、柳安等木材。龙骨或毛地板的含水率应接近地板的含水率。龙骨间距不宜太大，一般不超过30cm。地板两端应落实在龙骨上，不得空搁，且每根龙骨上都必须钉上钉子。不得使用水性胶水。

⑥地板不宜铺得太紧，四周应留足够的伸缩缝（0.5cm~1.2cm），且不宜超宽铺设，如遇较宽的场合应分隔切断，再压铜条过渡。

⑦地板和厅、卫生间、厨房间等石质地面交接处应有彻底的隔离防潮措施。

⑧地板色差不可避免，如对色差有较高要求，可预先分拣，采取逐步过渡的方法，以减少视觉上的突变感。

⑨使用中忌用水冲洗，避免长时间的日晒、空调连续直吹、窗口处防止雨林、避免硬物撞摩擦。为保护地板，在漆面上可以打蜡（从保护地板的角度看，打蜡比涂漆效果更好）。

⑩漆饰地板由工厂在流水线上制成，所用漆大多为UV漆，以紫外线快速固化，其硬度和耐磨性能均大大高于普通手工漆，但附着力略差。漆饰地板的另一优点是整个地板由许多快漆面组成，因此不会随着地板的胀缩出现裂纹。

2. 实木复合地板

实木复合地板，是将优质实木锯切刨切成表面板、芯板和底板单片，然后根据不同品种材料的力学原理将三种单片依照纵向、横向、纵向三维排列方法，用胶水粘贴起来，并在高温下压制成板，这就使木材的异向变化得到控制。由于这种地板表面漆膜光泽美观、又耐磨、耐热、耐冲击、阻燃、防霉、防蛀等，铺设在房间里，不但使居室显得更协调，更完善，而且其价格不比同类实木地板高，因而越来越受到消费者欢迎。

目前实木复合地板有三层和多层二种。

三层实木复合地板表层为优质名贵木材薄片，中间和底层为速生木材，用胶水热压而成。表层厚度为4mm左右芯层在8mm~9mm，

图3-10 铺设木地板龙骨

图3-11 木地板的铺设与安装

实木地板　　　　　　竹地板

强化复合地板　　　实木复合地板　　　软木地板

图3-12 各种木地板

底层2mm左右，总厚度一般都在14~15mm。

多层实木复合地板以多层胶合板为基材，表层为硬木片镶拼板或刨切单板，以胶水热压而成。基层胶合板的层数必须是单通常为三层或五层，表层如为硬木片，厚度通常为1.2mm，刨切板为0.2mm~0.8mm，总厚度通常不超过12mm。

实木复合地板具有实木地板木纹自然美观，脚感舒适，隔音保温等优点，同时又克服了实木地板易变形的缺点（每层木质纤维相互垂直，分散了变形量和应力），且规格大，铺设方便。

缺点是如胶合质量差会出现脱胶。此外因为表层较薄（尤其是多层），使用中必须重视维护保养，所以使用场合有所限制。

3. 强化复合地板（浸渍纸层压木质地板）

强化复合地板由四层结构组成。

第一层：耐磨层，主要由三氧化二铝涂层材料组成，有很强的耐磨性和硬度（一些由三聚氰胺组成的强化复合地板可能无法满足标准的要求）；

第二层：装饰层，是一层经密胺树脂浸渍的纸张，纸上印刷有仿珍贵树种的木纹或其他图案；

第三层：基层，是中密度或高密度的层压板，经高温、高压处理，有一定的防潮、阻燃性能，基本材料是木质纤维；

第四层：平衡层，它是一层牛皮纸，有一定的强度和厚度，并浸以树脂，起到防潮防地板变形的作用。

4. 竹地板

竹地板是近几年才发展起来的一种新型建筑装饰材料，它以天然优质竹子为原料，经过多道工序，脱去竹子原浆汁，经高温高压拼压，再经过3层油漆，最后红外线烘干而成。竹地板有竹子的天然纹理，清新文雅，给人一种回归自然、高雅脱俗的感觉。它具有很多特点，首先竹地板以竹代木，具有木材的原有特色，而且竹在加工过程中，采用符合国家标准的优质胶种，可避免甲醛等物质对人体的危害；还有竹地板利用先进的设备和技术，通过对原竹进行26道工序的加工，兼具有原木地板的自然美感和陶瓷地砖的坚固耐用。

我国竹地板发展史并不长，只有八九年历史。开始成规模进入市场则是近几年的事，但是，由于具有独特的特点：纹理通直、色调高雅，有"宁可食无肉，不可居无竹"之誉。加上生产过程中人工精选，使竹地板尺寸稳定性、力学强度好，经久耐用，取自于自然、用自于自然，无污染，而且还为居室平添更多的文化品味，深得国内外消费者喜爱。

5. 软木地板

软木地板被称为是"地板的金字塔尖消费"。软木是生长在地中海沿岸的橡树，而软木制品的原料就是橡树的树皮，与实木地板比较更具环保性、隔音性，防潮效果也会更好些，带给人极佳的脚感。软木地板柔软、安静、舒适、耐磨，对老人和小孩的意外摔倒，可提供极大的缓冲作用，其独有的吸音效果和保温性能也非常适合于卧室、会议室、图书馆、录音棚等场所。

6. 地热采暖地板

地热采暖地板又称低温热水辐射采暖地板，低温地板辐射是一种利用建筑物内部地面进行采暖的系统。它是将整个地面作为散热器在地板结构层内铺设管道，通过往管道内注入60℃以下的低温热水加热地板混凝土层使地面温度保持在26℃左右，使人感觉温暖舒服。室内温度均匀下降，给人脚暖头凉的最佳感觉，符合人体生理科学。

第二节　石材

石材是既古老又现代的材质，具有独特的质感、美丽的色泽和优异的自然纹理。装饰石材分为天然石材和人造石材两种。天然装饰石材采用天然岩石经加工而成，其强度高、装饰性好、耐久、来源广

图3-13　竹地板是运用速生材为原料，环保、耐用

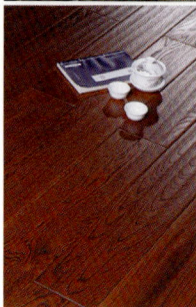

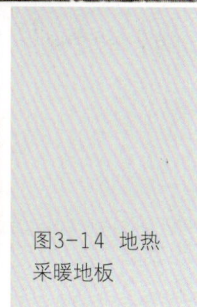

图3-14　地热采暖地板

图3-15　人民大会堂建筑运用了大量的石材

泛，是人类自古以来广泛采用的建筑和装饰材料。近代发展起来的人造石材，无论装饰效果还是技术性能都显示了其优越性，成为一种新型饰面材料。

一、岩石与石材的基本知识

1. 造岩矿物

矿物是地壳中的化学元素在一定的地质条件下形成的具有一定化学成分和一定结构特征的天然化合物和单质的总称。岩石是矿物的集合体，组成天然岩石的矿物称为造岩矿物。

装饰工程中常用岩石的主要造岩矿物有：石英、长石、角闪石、辉石、橄榄石、云母、方解石、白云石、黄铁矿。

2. 常用岩石的分类及性质

岩石按地质形成条件分为火成岩、沉积岩和变质岩三大类。

图3-16 材料之美需要一定的形态体现与空间环境

石英　　　石英　　　石英　　　长石

长石　　　角闪石　　　辉石　　　橄榄石

橄榄石　　　云母　　　方解石　　　白云石

图3-17 各种岩石的主要矿物质

（1）火成岩

又称岩浆岩，是地壳中主要的岩石，约占其总量的89％。

根据成岩深度的不同，火成岩分为深成岩、浅成岩、喷出岩和火山岩。

①花岗岩

花岗岩属于酸性结晶深成岩，是火成岩中分布最广的岩石，主要矿物组成为长石、石英和少量云母。一般以细粒构造性质为好，但粗、中粒构造具有良好的装饰色纹，有灰、白、黄、蔷薇色、红、黑多种颜色。

用途：基础、踏步、室内外地面、外墙饰面、艺术雕塑等，属高档装饰石材。

②玄武岩

玄武岩为喷出火成岩。主要矿物为辉石和长石，常为隐晶结构。

花岗岩	花岗岩	玄武岩	玄武岩
辉长岩	闪长岩	辉绿岩	石灰岩
砂岩	变质岩	变质岩	变质岩

图3-18 各种岩石外在形状

抗风化能力强，脆性及硬度均较大，加工较困难。主要用于基础、桥梁和路面铺砌及骨料等。

③辉长岩、闪长岩、辉绿岩

三种岩石均为岩浆岩。由长石、辉石、角闪石等构成。三者的体积密度均较大，具有优良的开光性。常呈深灰、暗绿、黑灰、黑绿等暗色。除用于基础等砌体外还可用作名贵的饰面材料。

（2）沉积岩

沉积岩是露出地表的各种岩石（火成岩、变质岩或早期形成的沉积岩）在外力地质作用下经风化、搬运、沉积，在地表或距地表不太深处经压固、胶结、重结晶等成岩作用而形成的岩石。按沉积物颗粒的大小，沉积岩可分为砾岩、砂岩和页岩。沉积岩的主要特征——呈层状构造。

①石灰岩

石灰岩为海水或淡水中的化学沉淀物和生物遗体沉积而成，主要成分为方解石，此外尚有石英、白云石、菱镁矿、粘土等矿物。石灰岩有密实、多孔和疏松等构造。密实构造的即为普通石灰岩，疏松的即为白垩（俗称粉刷大白）。颜色为白、灰、黄、浅红、浅黑等。

②砂岩

砂岩是由直径为0.1mm~2mm的石英等砂粒经沉积、胶结、硬化而成的岩石。纯白色的砂岩又称白玉石，是优质的雕刻、装饰石材，北京人民英雄纪念碑周身的浮雕采用的即为白玉石。

③变质岩

变质岩是地壳中的原有岩石在形成的过程中，岩石的矿物成分、结构、构造以至化学组成部分或全部发生了改变。

二、天然大理石

大理石——大理岩的俗称，是由石灰石再结晶而产生的变质岩。建筑装饰工程上所指的大理石是广义的，除指大理岩外，还泛指具有装饰功能，可以磨平、抛光的各种碳酸盐类的沉积岩和与其有关的变质岩。如石灰岩、白云岩、砂岩、灰岩等。

大理石一般都含有杂质，尤其是含有较多的碳酸盐类矿物，在大气中受硫化物及水气的作用，容易发生腐蚀。腐蚀的主要原因是城市工业所产生的SiO_2与空气中水分接触生成亚硫酸、硫酸等所谓酸雨，与大理石中的方解石反应，生成二水硫酸钙（二水石膏），体积膨胀，从而造成大理石表面强度降低、变色、掉粉，很快失去光泽，影

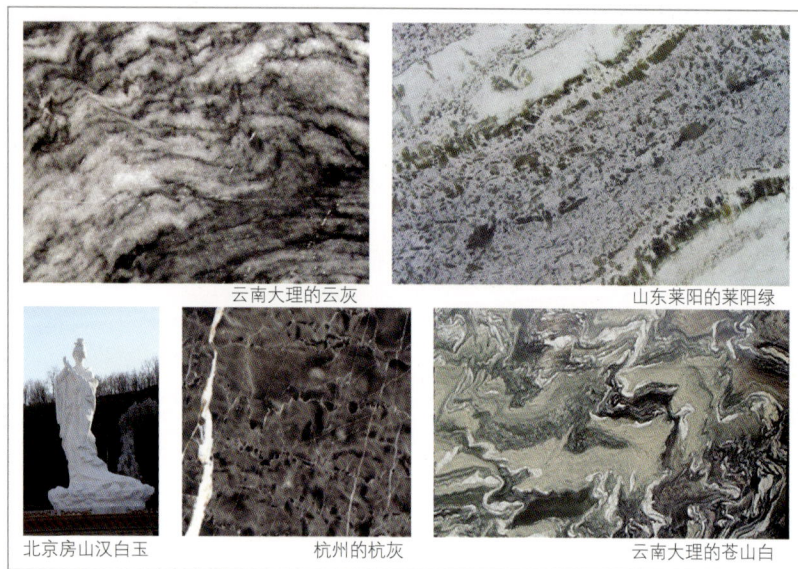

图3-19 各种石材表面纹理

云南大理的云灰   山东莱阳的莱阳绿
北京房山汉白玉   杭州的杭灰   云南大理的苍山白

图3-20 人民英雄纪念碑运用石材建造

响其装饰性能。各色大理石中，暗红色、红色最不稳定，绿色次之。白色大理石成分单一，杂质少，性能较稳定，不易变色和分化。除少数大理石，如汉白玉、艾叶青等质纯、杂质少、较稳定耐久的品种可用于室外，绝大多数大理石品种只适合室内。

大理石的纹理是在形成过程中局部堆积物产生的，有斑点纹、条纹、网纹、水波纹、云纹，或几种纹理混合。大理石的色彩种类较多，通常有铁氯化物形成粉红、红、黄、棕色，沥青类物质产生灰色、蓝灰色、黑色，云母、亚氯酸盐和硅酸盐产生绿色。

闻名的大理石品种有北京房山汉白玉，云南大理的苍山白，广西的桂林黑、辽宁铁岭的东北红、山东莱阳的莱阳绿、河南浙川的松香黄和米黄，杭州的杭灰，云南大理的云灰，衢州的雪夜梅花，云南的春花、秋花和水墨花等。

天然大理石板材是高级装饰工程的饰面材料。一般用于宾馆、展览馆、影剧院、商场、图书馆、机场、车站等建筑的室内墙面、柱面、服务台、样板、电梯间门口等部位。由于其耐磨性相对较差，虽也可用于室内地面，但不宜用于人流较多场所的地面。大理石由于耐酸腐蚀能力较差，除个别品种外，一般只适用于室内。

图3-21 赋予形式感的材料方可呈现鲜明的风格

三、天然花岗石

花岗石是花岗岩的俗称，建筑装饰工程上所指的花岗石泛指各种以石英、长石为主要的组成矿物，并含有少量云母和暗色矿物的火成岩和与其有关的变质岩，如花岗岩、辉绿岩、辉长岩、玄武岩、橄榄岩、片麻岩等。

花岗石较好品种例如四川的四川红、中国红，广西的岑溪红，山西灵丘的贵妃红，内蒙的黑金刚，山东济南青，河南偃师的菊花青、云里梅，江西上高的豆绿、浅绿。

天然花岗石板材分为：

普型板材和异型板材。

按表面平整加工程度分为：

细面板材——经粗磨、细磨加工而成，表面平整、光滑，无光。

镜面板材——经粗磨、细磨抛光加工而成，表面平整光亮、色泽明显、晶体裸露。

粗面板材——粗面板材经手工或机械加工，在平整的表面处理出不同形式的凹凸纹路，如具规则条纹的机刨板，剁斧人工凿切而成的剁斧板，经火焰喷烧处理表面而成的火烧板和用齿锤人工锤击而成的锤击板等。天然花岗石板材的规格很多，但特殊规格由设计或施工部门与生产厂家商定。

细面和镜面花岗石板材由于其材质的特点，一般都制成厚度20mm的厚板，厚度小于10mm的薄板很少采用。同一批板材的外观质量色调花纹应基本调和，板材正面的外观缺陷应符合规定；测定时用平尺紧靠有缺陷的部位测量缺陷的长度、宽度。

天然花岗石板材材质坚硬、耐腐蚀、抗污染，但贮存时仍应注意保护板面，严禁搬运时滚碾、碰撞，并尽可能在室内贮存，室外贮存应加遮盖，堆码要求与天然大理石板材相同。

细面板材主要用于室外地面、墙面、柱面、勒脚、基座、台阶；镜面板材主要用于室内外地面、墙面、柱面、台面、台阶等，特别适宜做大型公共建筑大厅的地面。

四、大理石、花岗石饰面板的应用技术要求

1. 锯切加工

锯切是石材加工的首道工序，该道工序是采用各种型式的锯机将石材荒料锯割成半成品板材，该工序不但耗费大（可占成品成本的20%以上），而且锯割工作完成的好坏直接影响以后的研磨等工作。

2. 饰面板表面处理

从大理石、花岗石原料锯切而成的板材。通过研磨、抛光后，亮丽的表面呈现出石材完美的色彩和纹理特征。然而，从设计的角度，为了更加丰富石材所表达的涵义和较完美地体现石材的视觉美感，往往对切割后不经磨光处理的坯板或已抛光处理的亮面板（局部处理）采用其他的加工手法，如剁斧、锤凿、机刨、粗磨、粗锯切、喷砂等，从而保持石材原始纯朴的质地风格，同时起防滑作用和使板面无反射光。

（1）剁斧

采用锤子或斧子将锯切坯板或锯切抛光板（局部）表面打毛，形成点状、线状纹理。或点、线状混合纹理，剁斧处理的板材，较多用于装饰性较强的贴面材料。如柱面、墙裙、楼梯栏板、栏杆、台级踏步，以及宾馆、酒店大厅总服务台、酒吧吧台立面等。

（2）机刨

板材经过机械加工后，表面平整，无反射光，且有相互平行的刨纹。一般用于地面、楼梯踏步、台阶、基座等。

（3）粗磨

板材经粗磨后，表面光滑，偶尔有轻微的磨痕、反射光。

（4）喷砂

表面由喷砂形成的颗粒肌理，有粗粒面和细粒面，无反射光，可用于各类装饰面板。

（5）锯切

由排锯或圆盘锯而产生的平行、圆环形刻痕，表面无反射光。

3. 饰面板表面污染与处理措施

大理石、花岗石饰面板具有良好的质感、优异的自然花纹、美丽的色泽，高雅华贵，因而表现的范围越来越广泛。然而，板材表面的污染如泛白、锈斑、水渍、龟裂、化学腐蚀，以及受各种自然气候因素的作用而降低其表现的质量，影响外表美观，缩短使用寿命。因此，需要采取措施进行预防和处理。

（1）泛白

泛白现象又称泛碱现象，是由于镶贴石材板采用湿贴法或湿挂法安装后，湿砂浆能透出石材析出"白碱"而污染板面，这种现象多出现在外墙和潮湿空气中的内墙石材表面。

处理方法：一是采用干挂法；二是对石材进行防护处理，主要是面涂和背涂。面涂是采用水性或油性防护剂、致密剂，使石材表面致密；背涂是采用环氧树脂胶、环氧砂浆或石材专用处理剂涂布石材背面及周围侧边，封闭石材孔洞，防止水分渗透，隔离碱性水泥砂浆与

图3-22 天然石块成为一种装饰与元素

图3-23 玻璃与粗岩砖的组合搭配给我们的感觉既熟悉有陌生

石材的直接接触。

（2）锈斑

锈斑的形成一是由于在开采或加工中，钢锯的锈水渗入石材的结晶体中而造成的；二是在运输、安装的过程中，与铁制物接触或使用铁制挂件时，铁制物遇水氧化后粘敷在石材表面域从石材的毛细孔透出，产生锈斑；三是由于石材本身含有赤铁矿或硫铁矿，这些铁质矿物接触空气被氧化后产生"锈水"从石材孔洞中渗出，造成石材表面颜色变黄。

图3-24 西方的建筑多以石材为主

预防方法有：安装时尽可能采用干挂法，干挂配件采用不锈钢材料；锯切后立即清洗锈水，安装前采用树脂胶涂布石材背面，以使石材具备防水功能。

（3）龟裂

因天然石材的物理力学性能较离散，存在许多微细裂隙，当长期经受风吹、雨淋、日晒后，会产生龟裂，尤其是大理石，耐候性差。另外，由于水泥、混凝土与石材的收缩率不同，也容易形成裂纹。

预防措施：采用石材专用增强剂进行养护，使其强度增加，硬度和光泽度也同时得到提高。

（4）水渍、湿痕

当石材采用湿贴或湿挂法安装时，水泥砂浆中产生的具有腐蚀性的碳酸钠（俗称苏打）能大量地吸附从缝隙或石材表面毛细孔渗入的水分，从而造成石材背面水泥砂浆终年不干，并渗透到石材表面，随着温度和湿度的变化，呈现出不同范围的水渍、湿痕。

预防措施：采用湿贴、挂法施工前，用防护剂对石材逐块进行防护处理，增强其防水抗污的性能，另外板缝处处理要严密，对充分干燥的板面进行打蜡处理，提高抗渗透能力。

（5）化学腐蚀

这是由于工业废气和汽车排放的尾气造成空气污染，如增加空气中的SO_2、SO_3、NO_2等成分，它们溶解在水中与碳酸盐石材反应生成可溶性盐或微溶盐，使石材表面呈泡沫状脱落。

预防措施：对石材进行防水和养护处理。

（6）冻损

冻损是由于安装灌浆、擦缝不密实以及石材本身的毛细孔等原因，使石材吸入水分，当温度降低到液态水结冰时，产生冻结膨胀而造成石材裂损。并失去表面光泽，甚至受外力撞击破裂坠落，影响安全。

预防措施：对石材板逐块进行全方位的树脂胶涂布，并进行严格的嵌缝处理。

（7）苔藓植物生长及微生物破坏

潮湿的石材板和基面上有机质含量较高，为苔藓植物的生长创造了条件。并且容易生长微生物，从而导致石材变色、起霉斑，降低石材的强度和使用寿命。预防措施有：做好排水工程，防止石材表面积水，在石材板镶铺前用防护剂全面地进行防护处理。

五、文化石

文化石以开采天然岩石或无机材料配制加工而成。其表面粗犷凝重，纹理起伏，既自然又多变化，色泽丰富，绚烂多彩，为设计师提供了一个无限的构想理念的表现空间，创造出既高贵典雅，又神秘浪漫、韵味独特的风格，在日趋钢筋水泥化的都市里，更符合人们向往自然、回归自然的心态。文化石分为天然文化石和人造艺术石。

1. 天然文化石

天然文化石包括从天然岩体中开采出来的具有特殊的片理层状结构的板岩、砂岩、碳酸岩、石英岩、片麻岩等，以及鹅卵石、化石等种类。它们具有耐酸、耐寒、吸水率低、不易风化等特点，是一种自然防水、会呼吸的环保石材。

（1）板岩

板岩从外观颜色和质地分为红锈板、粉锈板、彩霞板、鱼鳞板、银棕板、绿晶板、星光板、灰纹板、紫锈板、玉锈板、水锈板等。

（2）砂岩

砂岩表面砂质粗扩、色彩淡雅且为倾向色，如平板砂岩（淡黄）、绿砂岩（淡灰绿）、波浪砂岩（淡红）、白砂岩（灰白）、脂粉红砂岩（浅粉红）。

（3）石英石系列

石英石系列从受光照后的变化和色泽分为变色石英石、云黑石英石、黑岩石英石、红石英石、绿石英石等。

变色石英石：受不同的光度或角度折、反射时，表面会随时改变颜色。

云黑石英石：颜色较深沉，且有光泽。

黑岩石英石：呈暗黑色，质硬，天然麻面，粗犷。

红色石英石：淡红色，质地粗犷。

天然石材具有高度的观赏情趣，产于安徽淮南的紫金石-1

天然石材具有高度的观赏情趣，产于安徽淮南的紫金石-2

绿石英石：淡绿偏玫瑰红色，质地粗扩。

（4）鹅卵石

鹅卵石表面光洁、圆滑，色泽丰富、素雅。常用尺寸有：小卵石直径为1cm~3cm，中卵石为3cm~10cm，大卵石为10cm以上。

（5）云母石

云母石亦称梦幻石，有金色、银色两种，表面呈凹凸感，在光照下，闪烁辉煌，高贵华丽。

（6）化石系列

象牙石：细白螺结晶化石，白色。特点是性能稳定，不易变色，耐候性强。

米黄石：贝壳结晶为主体的化石，有珍珠米黄、浅米黄。

深米黄：芝麻米黄等色彩。特点是较脆，硬度不高。

2. 人造艺术石

人造艺术石是以无机材料（如耐碱玻璃纤维、低碱水泥和各种改性材料及外加剂等）配制并经过挤压、铸制、烧烤等工艺而成，其表现风格参照天然文化石，粗犷凝重的砂质表面和参差起伏的层状排列，造就逼真的自然外观和丰富的层理韵律，更能赋予表现对象光与影的变化，营造出高品位的室内环境。

人造艺术石有仿蘑菇石、剁斧石、条石、鹅卵石等多个品种，具有质轻、坚韧、耐候性强、防水、防火、安装简单等特点，人造艺术石应无毒、无味、无辐射，符合环保要求。文化石的应用范围很广泛，如酒吧、茶馆、娱乐休闲场所、家居等室内外墙面和地面、吧台立面以及园林装饰等。

六、人造饰面石材

人造饰面石材是采用无机或有机胶凝材料作为黏结剂，以天然砂、碎石、石粉或工业渣等为粗、细填充料，经成型、固化、表面处理而成的一种人造材料。它具有以下特点：

（1）质量轻、强度大、厚度薄

某些种类的人造石材体积密度只有天然石材的1/2。强度却较高，通常不需专用锯切设备锯割，可一次成型为板材。

（2）色泽鲜艳、花色繁多、装饰性好

人造石材的色泽可根据设计意图制作，可仿天然花岗石、大理石或玉石，色泽花纹可达到以假乱真的程度，表面光泽度高，甚至超过天然石材。

图3-25 砖雕装饰一直是我国建筑装饰的主要形式之一

传统建筑运用大量石材进行雕刻进行装饰，精美的石雕还反映了人居的文化理念

（3）耐腐蚀、耐污染

天然石材或耐酸或耐碱，而聚酯型人造石材，既耐酸也耐碱，同时对各种污染具有较强的耐污力。

（4）便于施工、价格便宜

人造饰面石材可钻、可锯、可黏结，加工性能良好，还可制成弧形、曲面等天然石材难以加工的几何形状，一些仿珍贵天然石材品种的人造石材价格只及天然石材的几分之一。其缺点是有的品种表面耐刻划能力较差，一些板材使用中发生翘曲变形等。

按照生产材料和制造工艺的不同，可把人造饰面石材分为下几类：

1. 水泥型人造饰面材料

水泥型人造饰面材料以水泥（硅酸盐水泥、白色或彩色硅酸盐水泥、铝酸盐水泥等）为胶凝材料，天然砂为细骨料，碎大理石、碎花岗岩、工业废渣等为粗骨料，经配料、搅拌、成型、加压蒸养、磨光、抛光而制成。

2. 聚酯型人造饰面石材

聚酯型人造饰面石材以不饱和聚酯为胶凝材料，配以天然大理石、花岗石、石英砂或氢氧化铝等无机粉状、粒状填料，经配料、搅拌、浇筑成型。我国多用此法生产人造石材，这种人造饰面石材主要特点是光泽度高、质地高雅、强度硬度较高、耐水、耐污染、耐腐蚀、图案可设计性强。

3. 复合型人造饰面石材

复合型人造饰面石材具备了上述两类的特点，系采用无机和有机两类胶凝材料。基底为性能稳定的无机材料，面层为聚酯和大理石、花岗石粉制作，其特点为质轻、耐磨、防水、质地美，光洁度高、价廉。

4. 烧结型人造饰面石材

烧结型人造饰面石材制造与陶瓷等烧土制品的生产工艺类似，是将斜长石、石英、辉石、方解石粉和赤铁矿粉及部分高岭土按比例混合（一般配比为粘土40%、石粉60%），制备坯料，用半干压法成形，经窑炉1000℃左右的高温焙烧而成。该种人造石材因采用高温焙烧，质地坚硬、强度高、耐磨、耐温、耐污、防水、防潮，所以能耗大，造价较高，实际应用得较少。

5. 高温结晶型人造石材

高温结晶型人造石材是将多种高分子材料与85%天然石料混合，

传统建筑运用大量石材进行雕刻进行装饰，精美的石雕还反映了人居的文化理念

经高温再结晶而成，是一种新型高分子聚合材料。

七、天然石材的选用

天然石材的选用要考虑以下几个问题：

1. 材性的多变性

石材的物理力学性能（强度、耐水性、耐久性等），石材的装饰性（色调、光泽、质感等）。同一类岩石，品种不同、产地不同，性能上也往往相差很大，故同一工程部位上应尽量选用同一矿山的同一种岩石。

图3-27 石材与光的结合会产生特殊的视觉肌理

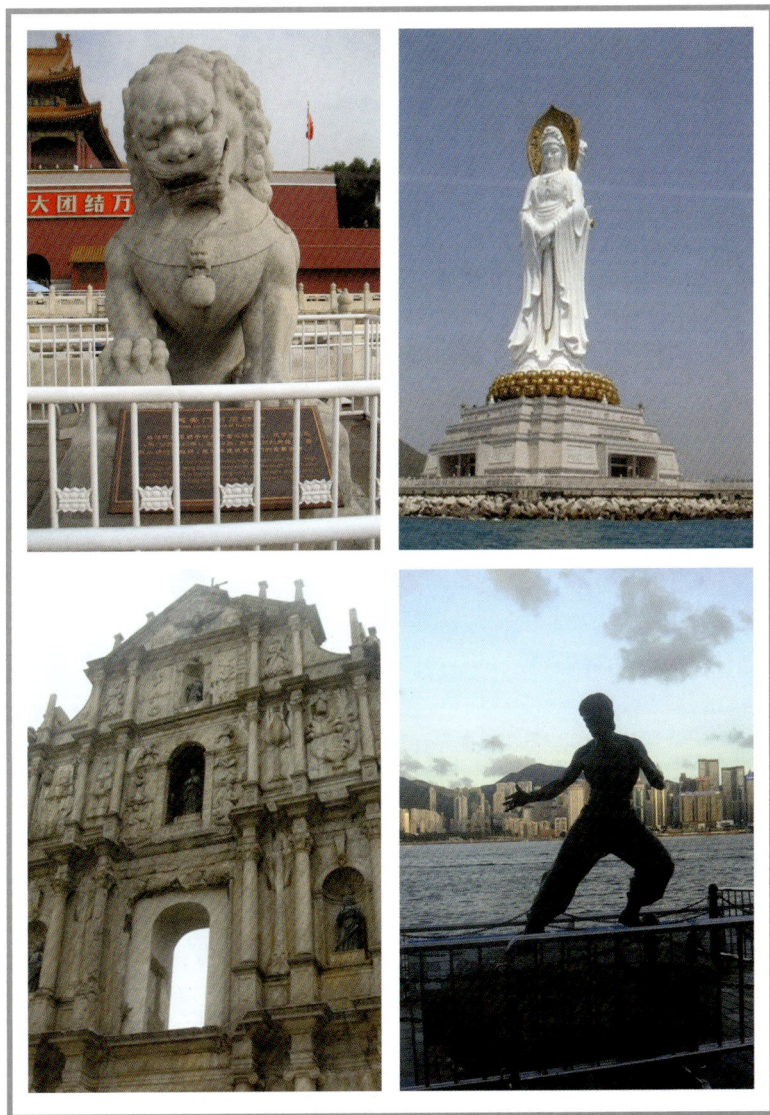

图3-26 天然石材的广泛运用

2. 材料的适用性

不同的石材具有不同的特点，对不同的工程部位和装饰效果有不同的适用性，用于地面的石材，主要应考虑其耐磨性，同时还要照顾其防滑性；用于室外的饰面石材，主要应考虑其耐风化性和耐腐蚀性能；用于室内的饰面石材，主要应考虑其光泽、花纹和色调等美观性。

3. 材料的工艺性能

材料的工艺性能是指石材便于开采、加工、施工安装的性质。包括加工性、开光性、可钻性。加工性指石材的割切、凿琢等加工工艺的难易程度，凡强度、硬度、韧性较高的石材都较不易加工；质脆粗糙、有颗粒交错结构或含有层状、片状构造的石材，都难于满足加工的要求。开光性是指岩石能磨成光滑表面的性质。致密、均匀、粒细的岩石一般都有良好的开光性；疏松多孔、有鳞状构造和含有较多云母的岩石，开光性均不好。可钻性是指石材钻孔的难易程度。板材安装时往往需钻安装孔，如可钻性不好，将会对钻孔造成困难，甚至会造成开裂，可钻性一般与强度、硬度、层理构造有关。

4. 材料的经济性

石材因密度大、质重，所以应尽量就地、就近取材，以减少运距，降低成本，一味追求高档次的石材，要选择既能体现装饰风格，又与工程投资相适宜的品种。

图3-28 不同特质的材料搭配离不开特定的功能需求

图3-29 细部构造往往可以反映出一定的风格特征和文化背景

第三节 金属装饰材料

金属材料具有质地坚硬、强度高、韧性好、导热传电性强、防水、防腐等优良性能。通过机械加工方式和现代科技手段，可制造各种形式的构件和材质优美的成品用材。在现代室内设计中，金属材料既可独立地使用，如结构桁架、门窗、楼梯栏杆、五金构件等，又可与其他材料结合表现，如轻钢龙骨石膏板墙与天花吊顶，铝合金、不锈钢玻璃门，钢木结构楼梯栏杆，轻质隔墙。它所具有的独特性能和审美价值是其他材料不可替代的。

用于装饰的金属材料，主要有金、银、铜、铝、铁及其合金。

一、金属材料的分类与特性

1. 金属材料的分类

金属材料一般按外观颜色或矿物颜色进行分类，通常分为黑色金属和有色金属两大类。

（1）黑色金属材料

黑色金属材料是指铁和以铁为基体的合金，如生铁、铁合金、合金钢（不锈钢）、铸铁、铁基粉末合金、碳钢等，简称钢铁材料。钢铁型材种类较多，力学性能优良，在实际的应用中加工方便（切割、焊接、抛光或铆接），表现范围广泛。

（2）有色金属材料

有色金属材料是指包括除铁以外的金属及其合金，又称非铁金属。有色金属大多呈五光十色的漂亮色彩和独特的金属质感。

2．金属材料的特性

掌握金属材料的特性，有利于在设计和施工中，进行合理、科学的选择与表现。金属材料的特性主要表现在以下几个方面：

（1）良好的光反射和光吸收能力；

（2）良好的力学性能；

（3）良好的加工性能；

（4）良好的导电性和导热性。

二、金属材料的加工与表面装饰

在室内设计中，为了便金属材料的特性得到充分的表现，不仅要熟悉和掌握金属材料的基本性能与用途，还应了解金属材料的加工方法及表面装饰工艺。

1．金属材料的成型加工

（1）铸造

铸造是熔炼金属、制造铸型并将熔化金属流入铸型，凝固后获得一定形状和性能的铸件成型方法。五金配件及管材等多采用铸造成型法。

（2）压力加工

金属材料经轧制、挤压、拉拔等加工方法，产生塑性变形，从而获得具有一定形状、尺寸和机械性能的原材料、毛坯或成品。如圆钢、方钢、角钢、T字钢、工字钢、槽钢、Z字钢及轻钢龙骨、铝合金门窗材料等。

2．金属型材的后期加工

（1）焊接加工

金属焊接加工是将分离的两部分金属焊接成一个不可拆卸的整体，在两部分金属的焊接过程中，由于截面间的原子通过相互扩散、结晶和再结晶成共同的晶粒，因而焊接头非常牢固，它的强度不会低

图3-30 精致的把手带给我们的是文化的态度

图3-31 金属的现代化铸造

图3-32 金属的轧制、挤压、拉拔以及焊接

图3-33 数控机床对金属材料进行加工

于被焊金属的强度。

（2）机械加工

机械加工是通过操作机床或机械工具对板材、线材及不同截面型材进行加工。其主要方法有车、钻、折边、磨边、弯曲、切割等，车主要用于天花吊顶螺纹吊杆、连接螺栓的加工；钻用于紧固件螺钉、螺栓孔钻孔和金属板装饰钻孔；折边用于不锈钢装饰嵌条、柱面及家具面包覆嵌接等；弯曲则用于不锈钢板及不锈钢管的各种造型。

3. 金属材料的表面装饰

金属材料的表面通过多种加工技术和工艺方法，如电镀、化学镀、喷漆、烤漆、喷塑、抛光、砂光、蚀刻、钻孔等。

（1）镀层装饰

镀层装饰是指在金属材料的表面上采用电镀、化学镀、真空蒸发沉积镀等方法，使金属表面形成其他材料的被覆装饰层。

（2）涂层装饰

金属涂装所用的材料是各种涂料，其主要涂膜物质大多是各种合成树脂，与其他成分黏结成一个整体，附着在被覆金属的表面，形成坚韧的保护膜，以达到既美观又能防止金属材料表面腐蚀，以及隔热、隔音、绝缘、耐火、耐辐射、杀菌、导电等特殊功能。

①氟碳喷涂铝板。氟碳喷涂铝板（KYNAR500）是以优质单层金属铝板或蜂窝芯铝合金复合板为基材，可加工成有凹凸变化的立体平面、弧形面、球形面等各种复杂的造型，易于清洁保养，施工安全、方便、快捷。

金属表面涂装充分地利用现代环保涂料，如水溶型涂料、非溶剂型粉末涂料、高固体组分涂料以及无有机溶剂涂料。

②静电粉末喷涂金属板。又称喷塑金属板。它是以铝合金、不锈钢、锌铁板为基材，表面采用100%固体分热固性环氧粉末或环氧-聚酯粉末静电喷涂而成。其优良性能如涂膜坚韧、耐久、耐火、耐温、耐酸碱、耐光照、耐摩擦、易于安装。主要有条形扣板、方形扣板和格栅，用于室内壁面、隔断和天花吊顶，以及室外幕墙等。

（3）研磨

研磨是指在金属表面上进行的机械工艺加工。研磨后的金属表面平滑、光洁、亮丽。

（4）蚀刻

蚀刻是利用化学药品的作用，根据加工金属材料表面的特定图案造型浸蚀溶解而形成凹凸不平的特殊效果。

（5）层压塑料薄膜

选用黏结剂把塑料薄膜黏结在钢板上，制成塑糙薄膜层，在塑料薄膜上可以压制出所需要的各种装饰图案。

①丙烯酸树脂薄膜镀锌钢板。层压膜可保持长年不褪色，不脱落，不产生裂纹。

②氯乙烯薄膜钢板。具有优良的韧性、耐候性和抗化学药品腐蚀性。色彩鲜艳，品种繁多。

金属材料的可塑性和钢性的结合使得现代建筑具有当代风格

图3-34 经典设计会改变材料的表情属性

③聚苯乙烯薄膜钢板。在其表面膜上可压制出各种花纹、图案，具有良好的绝缘性和抗刮伤性。

④聚氟乙烯薄膜镀锌钢板（或铝板）。具有良好的耐候性、耐热性、耐化学药品性能和抗老化性能，不易褪色、脱落、开裂。

三、常用金属材料的种类、特性及用途

1. 钢

（1）钢的分类与性能

钢分为碳素钢与合金钢两大类。

在室内设计中，常用的钢材有普通碳素结构钢、优质碳素结构钢、合金结构钢和不锈钢。不锈钢材料是现代室内设计应用非常广泛的金属材料，如壁面、顶面、柱面、楼梯栏杆、门、窗、家具、五金配件，以及各种装饰压条与收口线，但不能大面积或过多地方使用，因为不锈钢有坚硬的冷漠感，尤其是镜面不锈钢反射光强烈，影响室内环境。不锈钢常与其他材料如木材或软材料结合表现。

（2）常用钢材的种类

①钢板；

②钢板网。用途：护窗、护栏、隔断、天花吊顶、拉闸门、卷闸门；

③镀锌铁丝网。用途：护窗、护栏、隔断、天花吊顶、墙面挂物板等；

④管材与直条材。

2. 铝及铝合金

（1）铝

铝属于有色金属中的轻金属，银白色，纯铝密度小，导电、导热性能优良，耐腐蚀、具有良好的抗氧化性，因纯铝强度低，不适合做结构材料使用。

（2）铝合金

在铝中加入镁、铜、锰、锌、硅等合金元素后组成的铝合金，具有质轻、强度高、耐蚀、耐磨、韧度强等优点。

①铝合金板材

铝合金平面扣板。铝合金平面扣板按外形分有：正方形、长方形、三角形、菱形、六边形和长条形，常用于顶面天花、墙面和隔断等。

压型板。压型板有方形压型板和条形压型板，具有较强的立体感

图3-35 暴露的结构构件使空间别具特色

图3-36 外观并不华丽但充分体现了空间和功能的合理性

造型，常用于顶面天花、墙面和隔断。

②铝合金花格板

普通拉网花格板。普通拉网花格板是经挤压、辗轧、展延、阳极着色等工序加工而成，防腐蚀、防潮、防锈、透光性和通风性良好，安全性较高，清除表面尘埃方便，有多种网格造型，良好的视觉美化效果。

高强度铝合金花格板。高强度铝合金花格板是经挤压一体成型，无须任何焊接，结构坚固，抗冲击力强，具有很好的防爆功能。

③铝合金管材

铝合金管材用于护窗、护栏（不宜用于受力结构大的栏杆）、门窗框架、玻璃间墙结构架、顶棚照明器框架等。铝合金管材连接时多采用强度和硬度较好的角铝作内接角，内接角的长短应与管材内截面的大小相符合，而较小规格的管材连接时刚采用硬质塑料内接角。

④铝合金型材

铝合金门系列型材；铝合金窗系列型材。

3. 铜与铜合金

铜具有很好的导电、传热性能。铜材表面光滑，光泽较好，经抛光处理后成为镜面铜材，表面亮度很高；经磨砂工艺处理后成为雾面铜材，表面呈亚光。常应用于楼梯扶手栏杆、踏步防滑嵌条、铜装饰品、铜浮雕壁画及五金配件。铜材形状可分为：板材、圆材和方材。

铜材按其外观色彩和主要的构成元素可分为纯铜、黄铜、青铜。

（1）纯铜

呈玫瑰色，表面氧化后呈紫色，故称紫铜。

（2）黄铜

黄铜加入合金元素能相应提高强度。黄铜常用于五金配件及楼梯扶手、踏步防滑嵌条及其他装饰条，黄铜表面抛光后亮丽辉煌。

（3）青铜

主要是铜和锡的合金，应用最早。近代又发展了含铝、硅、锰、铅的铜合金，都称为青铜。常用于五金配件（如防锈要求较高的洁具配件）、防滑嵌条。

4. 铸铁

铸铁是一种使用历史悠久的主要的金属材料。具有较强的耐磨性、抗压强度，以及良好的铸造性能。但塑性和韧性较差，遇到潮湿空气易氧化生锈。

图3-37 铝合金的材料性能能够塑造多样的造型

图3-38 铝合金材料的应用

铸铁常用于楼梯栏板花板、护窗、护栏、家具脚架、地面耐磨滴水盖板及各种工艺铁花。

第四节　陶瓷

装饰陶瓷是指用于装饰工程的陶瓷制品，包括各类的釉面砖、墙地砖、琉璃制品和陶瓷壁画等。其中应用最为广泛的是釉面砖和墙地砖。

装饰陶瓷坚固耐用，又具有色彩鲜艳的装饰效果，加之耐火、耐水、耐磨、耐腐蚀、易清洗、易于施工。

当前装饰陶瓷产品的主要发展趋势是：

1. 向大尺寸、高精度和减少厚度的方向发展

为加强装饰的整体效果，陶瓷墙地砖的规格趋于大尺寸，400×400mm以上的大幅面陶瓷墙地砖已属常见。面砖的尺寸精度也越来越高，以满足铺贴的精度和"无接缝"工艺的发展。高档的产品幅面尺寸的精度已达±0.2%，充分显示了近代陶瓷工艺的技术水平。为充分发挥面砖的饰面作用而尽可能减少自重，而砖的厚度趋于减小，即使是长、宽达到80mm的面砖，厚度也仅仅为几毫米。

2. 品种向多样化发展

装饰陶瓷制品的品种从单色向多彩釉面发展，由平面向浮雕型表面发展，由单一功能向多功能发展，由简单的几何图案向仿石材、仿木材的高仿真的饰面发展。近年来国内市场上新品种不断涌现，渗花砖、全瓷抛光砖、浮雕面砖、花釉面砖、结晶釉面砖、吸声面砖都是新品种的代表。

3. 生产工艺的不断创新

随着近代材料工业的不断发展，陶瓷的生产工艺不断改进创新。低温快烧一次烧成技术、套色丝网印花技术、金属光泽釉热喷涂技术、劈离砖生产技术等被广泛采用，提高了产品的质量和生产效率，增加了花色品种，从而推动了装饰陶瓷的不断发展。

一、陶瓷的分类与性能

1. 陶瓷的概念和分类

陶瓷通常指以粘土为主要原料，经原料处理、成型、焙烧而成。陶瓷分为陶、瓷及炻器。陶的烧结程度较低，吸水率大于10%，断面粗糙无光，不透明，声音粗哑，可施釉也可不施釉。

图3-39 建筑装饰中瓷砖贴面产生高档的整体效果

图3-40 大幅面陶瓷墙地砖产生良好的视觉效果，面砖的尺寸和精度也越来越高

图3-41 陶瓷的制作标准度越来越高

介于陶和瓷之间的一类产品，称为炻，也称为半瓷或石胎瓷。结构比陶致密，吸水率小，不如瓷色白多数坯体带有灰、红等颜色，且不透明，其热稳定性优于瓷。

瓷的坯体致密、烧结程度很高，基本不吸水（吸水率小于1%），色洁白，耐磨，半透明，敲击时声音清脆，通常都施釉。

陶瓷表面对可见光的反射能力。表面施釉的陶瓷平整光滑、无针孔，对光的反射能力强，光泽度高。未施釉的陶瓷材料质地略粗，肌理均匀，对光的反射能力弱，光亮度低或呈亚光。表面施无光釉的陶瓷材料对光的反射能力弱，表面平滑光洁，视觉效果柔和。

2. 陶瓷面砖的成型方法和生产工艺

（1）成型方法

陶瓷面砖在焙烧前需按一定比例拌合好原料，按一定的规格成型。成型后的坯料要求几何形状准确、平整，有一定的强度并且具有抵抗一定变形和干裂的能力。

常用的成型方法：

①半干压法

将含水5%~8%的半干坯料加压（10MPa~25MPa）成型。此法所用的坯料可以是干法（磨细、配料，混合后再润湿），也可以用湿法（原料加湿粉碎，然后压滤、干燥）来制备。湿法粉尘散布少，工作环境较干法优良，日前我国多采用湿法制作面砖坯料。

②浇注法

将含水率高达40%呈泥浆状的原料在位于传送带上的耐火质多孔垫板上浇注，继而干燥、焙烧。成型、干燥、焙烧可连续进行，节省多道工序。制成的面砖表而平整、不变形，可自由控制其厚度。浇注法生产的坯料成本低，可完全自动化、机械化。

3. 表面装饰

（1）上釉

釉是覆盖在陶瓷坯体表面的玻璃质薄层（平均厚度为120μm~140μm）。它使陶瓷制品表面密实、光亮、不吸水、抗腐蚀、耐风化、易清洗，彩釉和艺术釉还具有多变的装饰作用。

（2）彩绘

彩绘是在坯体上用人工或印刷、贴花转移等方法制成各种图案形成釉层部分的陶瓷装饰方法，分为釉下彩绘和釉上彩绘两种。

釉下彩绘是在生坯或素烧后的坯体上进行彩绘，然后在其表面施

图3-42 陶瓷的质感和纹饰形成丰富细部的特征

图3-43 不同特质材料搭配，离不开特定的功能需求

图3-44 马赛克营造的细腻墙面效果

一层透明釉或半透明釉，再釉烧而成（釉烧在后）。由于受后施釉面层烧成温度的影响，一般釉下彩绘所用颜料为高温颜料，种类较少，生成的颜色不够丰富。常选用的矿物颜料有氧化钴（青色）、铜红（红色）、锑锡黄（黄色）、氧化锰（红色）等。釉下彩绘的特点是彩绘有釉层作保护，所以图案耐磨损，釉面清洁光亮，使用过程中颜料不溶散，使用较安全。

釉上彩绘采用釉烧过的坯体，在釉层上用低温颜料（600℃~900℃烧成）进行彩绘，然后进行彩烧而成（釉烧在前），采用的是低温颜料，颜色多变。生产效率高，成本低，价格便宜，是广泛运用的一种陶瓷装饰工艺。但釉上彩绘颜料无釉层保护，图案易磨损，在使用中颜料所加的含铅助熔剂可能溶出，对人体产生有害影响。

（3）贵金属装饰

将金、银、铂等贵金属，用各种方法置于陶瓷表面形成富有贵金属色泽的图案，具有华丽、高贵的效果，是高级陶瓷制品的一种艺术处理方法。贵金属装饰中最常用的是饰金装饰。高档釉面砖常采用饰金装饰来进行图案的描边处理，具有良好的装饰效果，但由于纯金较软，易于磨损，该种釉面砖使用部位要慎重选择。

二、常用陶瓷材料的分类与应用

常用陶瓷材料可分为饰面砖、陶瓷卫生洁具两大类。

陶瓷饰面砖是相对于其他具有较强体积感的陶瓷产品而言的陶瓷平面材料，其厚度与长宽相比尺寸差别较大。

陶瓷饰面砖可按其外观特征、用途和功能性等进行分类：

第一，从表面质感上可分为光洁平面、麻面、磨光面、抛光面、无光釉面、压花浮雕面、防滑面、几何点线面、金属光泽面等，以及釉裂、釉泡、脏点等独特效果的装饰表面。

第二，从外观形状上分为正方形、长方形、三角形、扇形、梯形、多边形以及异形等，并可加工切割成各种拼花所需的形状。

陶瓷饰面砖镶贴时排列的方式不同，产生的视觉美感也不一样。在实际的表现中，应根据表现的对象、面积的大小或空间功能的要求进行选择和组合。饰面砖的尺寸大小、釉色、形状、质地以及拼接缝线的粗细，都影响着镶贴时排列的形式美感。

第三，从用途上可分为内外墙面砖、地面砖、锦砖（马赛克）。

墙面砖又分釉面砖和不带釉面砖。釉面砖一是以瓷土为主要原料加压成型和浇注成型，干后通过温度1200℃~1280℃素烧而成，釉

图3-45 渗花陶瓷制品创造了理想的环境氛围

图3-46 青瓦在这里已不是普通的建筑装饰材料，而是一种文化符号

烧温度为1150℃~1200℃；二是节约能源，降低产品成本，利用廉价低质原料，生产低温快烧釉面砖。

外墙釉面砖应具有性能稳定、耐候性好、抗冻力强和吸水率低（不大于10%）等特点，其品种有亚光釉砖、陶瓷锦砖、窑变釉砖、金属光泽（金色、银色、虹彩等）釉砖和其他有彩系釉砖等。

内墙釉面砖为多孔精陶坯体，坯体较薄，瓷化程度相对不高，表面釉质细腻，吸水率小于18%。其品种有陶瓷锦砖、有彩系釉面砖，以及各种印花图案釉面砖、独特窑变釉面砖。

常用规格有（单位为毫米mm）：

室外釉面砖：200×100×（7~10）、150×75×（7~10）、100×50×7、250×50×9、100×100×7、108×108×8；

室内釉面砖：110×110×4、152×152×4、200×200×4、200×300×4、150×300×4、250×360×4等；

腰线砖：250×80×4、200×80×4；

踢脚线：100×（400~600）、120×（400~600）、150×（400~600），厚度为8~12。

釉面砖是多孔精陶坯体，在长期与空气接触的过程中，特别是在潮湿的环境中使用，坯体会吸收水分产生吸湿膨胀现象，但其表面釉层的吸湿膨胀性很小，与坯体结合得又很牢固，所以当坯体吸湿膨胀时会使釉面处于张拉应力状态，超过其抗拉强度时，釉面会发生开裂。尤其是用于室外，经长期冻融，会出现表面分层脱落、掉皮现象。

不带釉墙面砖是指不施釉的纯陶墙面砖，采用难熔黏土压制成型后焙烧而成。具有一定的吸水率。其表面粗犷无光，不透明，常以素色为主，具有自然纯朴之感。纯陶墙面砖常用于室外墙面或酒吧、风味餐厅、茶馆等室内墙面。外墙饰面砖除纯陶墙面砖外，还有彩釉砖、立体彩釉砖和线砖等，但要求坯体质地密实，吸水率应控制在3%~6%，并具有良好的耐火、耐寒、耐热、耐酸碱、抗渗透、抗风化等性能。其厚度比室内饰面砖大8mm~20mm。

常用规格有（单位为毫米mm）：

室外直面砖：200×64×8、95×64×18、200×100×9、152×75×10、120×100×8；

室内直面砖：115×52×4、200×100×4、240×115×4、240×52×4、227×60×4、150×70×4。

图3-47 形态万千的陶瓷卫生洁具产生了新的审美内容

图3-48 古朴的墙砖含蓄而不俗

地面砖分为施釉和不施釉两类。不施釉地面砖由优质黏土制成，如素面陶瓷锦砖、红地砖、无釉瓷质砖，其质地粗糙无光，防滑，吸水率小于5%；有釉地面砖从表面光亮度可分为抛光地面砖、无光地面砖，以及凹凸釉、印花、裂纹釉等独特装饰效果的地面砖。

地面砖应具有良好的防滑性能，无光地砖、无釉地砖及表面有均匀斑点、疙瘩的地砖防滑性能好；坚固耐磨，瓷化程度高或全玻璃质，吸水率低，通常陶瓷锦砖吸水率在0.2%以下，磨光砖吸水率在1%以下，劈离砖吸水率为1%~3%，无釉地砖吸水率小于5%。

通过现代技术改进的全瓷化瓷质地砖，又称玻化砖或玻化石，通过高温烧结，完全瓷化生成了莫来石等多种晶体，具有超强度、超耐磨性（是普通瓷砖的4.5倍），抗曲性、抗污性强，防滑性好，吸水率低（小于0.07%），以及极好的抗化学侵蚀能力，重负载能力。可用于家居、写字楼、餐馆等地面铺贴，特别适合于化工、食品、仪器及设备制造等车间、仓库、广场、停车场等地面铺贴。

用于踏步、踢脚线及卫生间、洗漱区、游泳池等潮湿地面的防滑砖，和用于公共广场、盲道等，砖面呈密集的麻点和排列的几何点、线以及凹凸防滑面。有白麻石、灰麻石、黄麻石、黄棕麻、黑麻、红麻。

玻化石的规格（mm）：100×100、100×200、200×200、300×300，以及三角形、扇形、梯形等，厚度有12mm、15mm。

陶瓷锦砖又名陶瓷马赛克或纸皮砖，是以优质瓷土为主要原料，采用半干法压制成型后，再经125℃高温烧结而成。具有抗腐蚀、耐磨、抗压、耐水、吸水率小（0.2%以下）、不腿色、易清洗等特点，其颜色和形状有多种。

陶瓷锦砖分有釉及无釉两种，按其断面又分凸面和平面两种，凸面陶瓷锦砖多用于室外墙面，以及室内浴室、洗手间、厨房、游泳池等壁面铺装，平面陶瓷锦砖则多用于地面铺设，其镶贴图案。陶瓷锦砖由于单位面积小，用于大面积镶贴时，形成一种视觉肌理效果，又加上色泽丰富，因此，又常用作室内外装饰壁画。

劈离砖是目前发展起来的新型饰面砖。它是将一定配比的原料，经粉碎、炼泥、真空挤压成型，再经干燥后高温烧结而成。其坯体坚实、强度高，表面强度大、耐磨、防滑，耐腐抗冻，冷热性能稳定，吸水率低（1%~3%）。背面凹槽纹与黏结水泥砂浆形成楔形结合，从而增加铺贴的牢固度。

图3-49 室内陶瓷墙面砖的应用

劈离砖表面质感变化多样，釉色丰富。其常用规格（mm）有：240×52、240×115、194×94，厚11、190×190、240×52、240×115、194×52、194×94，厚13。

劈离砖可用于餐厅、酒吧、候车室、停车场、走廊、人行道、广场、公园、游泳池等地面铺设，以及各类建筑物外墙镶贴。

仿花岗岩墙地砖是一种全玻化、瓷质无釉墙地砖，是国际上流行的新型高档建筑饰面材料。上世纪80年代中期意大利首先推出，它具有天然花岗石的质感和色调，可替代日益昂贵的天然花岗石。

钒钛饰面板是一种仿黑色花岗岩的陶瓷饰面板材，该种饰面板比天然黑色花岗岩更黑、更硬、更薄、更亮，弥补了天然花岗岩抛光过程中，由于黑云母的脱落易造成的表面凹坑的缺憾，是我国利用稀土矿物为原料研制成功的一种高档墙地饰面板材。其莫氏硬度、抗压强度、抗弯强度、密度、吸水率均好于天然花岗岩。

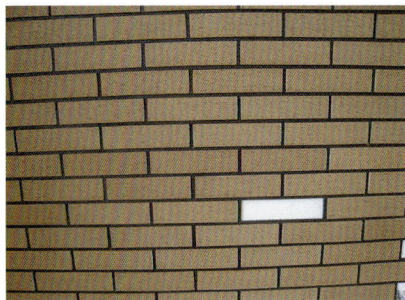

图3-50 紫砂劈离砖

图3-51 建筑中使用的劈离砖

钒钛饰面板规格有400mm×400mm、500mm×500mm等，厚度为8mm。适用于宾馆、饭店、办公楼等大型建筑的内外墙面、地面的装饰，也可用作台面、铭牌等。

金属光泽釉面砖是一种表面呈现金、银等金属光泽的釉面墙地砖。它突破了陶瓷传统的施釉工艺，采用了一种新的彩饰方法——釉面砖表面热喷涂着色工艺。这种工艺是在炽热的釉层表面，喷涂有机或无机金属盐溶液，通过高温热解，在釉表面形成一层金属氧化物薄膜，这层薄膜随所用金属盐离子本身的颜色不同而产生不同的金属光泽，该种面砖可利用现有的窑炉和生产线，只要在窑内加装专用热喷涂设备（应用压缩空气），即可使面砖的釉烧和喷涂着色同时完成，可大大节约投资、降低成本，该种面砖的规格同普通的陶瓷墙地砖，特别是条型砖的应用较为广泛。

金属光泽釉面砖是一种高级墙体饰面材料，可给人以清新绚丽，金碧辉煌的特殊效果，适用于高级宾馆、饭店以及酒吧、咖啡厅等娱乐场所的内墙饰面，其特有的金属光泽和镜面效果，使人在雍容华贵中享受到浓郁的现代气息。

渗花砖是一种不同于在坯体表面施釉的墙地砖，它是采用焙烧时可渗入到坯体表面下1mm~3mm的着色颜料，使砖面呈现各种色彩或图案，然后经磨光或抛光表面而成。渗花砖属于烧结程度较高的瓷质制品，因而其强度高、吸水率低，特别是已渗入到坯体的色彩图案具有良好的耐磨性，用于铺地经长期磨损而不脱落、不褪色。

三、建筑琉璃制品

建筑琉璃制品是我国传统的极富民族特色的建筑陶瓷材料，早在北魏年间（380—543）就已有琉璃瓦的生产，到唐代，琉璃制品无论在品质和艺术效果方面都达到很高的成就，持别是在山西各地非常盛行，以晋南的三彩法花尤称著于世，在近代，由于它具有独特的装饰性能，不但仍用于古典式建筑物，也广泛用于具有民族风格的现代建筑物。

琉璃制品用难熔粘土制成坯泥，制坯成型后经干燥、素烧、施色釉、釉烧而成，随釉料的不同，有的也可一次烧成。中国古代建筑的琉璃制品分瓦制品和园林制品两大类。琉璃瓦制品主要用于各种形式的屋顶，有的是专供屋面排水防漏的，有的是构成各种屋脊的屋脊材料，有的则纯属装饰性的物件，其品种很多，难以准确分类。一般习惯上可分为瓦类（筒瓦、板瓦、勾头、滴水等），脊类（正脊筒瓦、

图3-52 渗花砖渗入到坯体的色彩图案具有良好的耐磨性

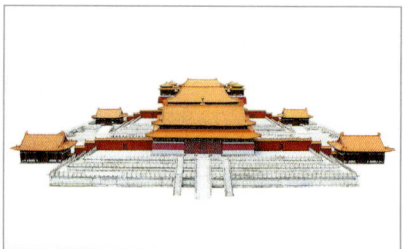

图3-53 故宫使用的琉璃瓦气势恢宏

垂脊筒瓦、三连砖、当勾等），饰件类（正吻、吞脊兽、垂兽、仙人等），园林琉璃制品有窗、栏杆等。

建筑琉璃制品的特点：质细致密、表面光滑、不易玷污、坚实耐久、色彩绚丽、造型古朴，富有民族特点。常见颜色有金黄、翠绿、宝蓝等。

琉璃瓦造型复杂，制作工艺较繁，因而造价较高。

第五节　玻璃装饰材料

玻璃是现代广泛采用的材料之一，其制品有平板玻璃、装饰玻璃、安全玻璃、玻璃锦砖等。普通玻璃具有良好的透光性能，主要用于采光等。现代玻璃正向着节能并赋于装饰性方向发展，在建筑物的饰面、隔断等方面也大量的使用玻璃制品。近年来，各种新品种装饰玻璃层出不穷，为装饰设计提供更多的选择。

一、 玻璃的基本知识

1. 玻璃的概念和组成

建筑玻璃是以石英砂、纯碱、石灰石、长石等为主要原料，经1550℃~1600℃高温熔融、成型，并经快速冷却而制成的固体材料。如在玻璃中加入某些金属氧化物、化合物或采用特殊工艺，还可以制得各种不同特殊性能的玻璃。

由于玻璃是非晶态结构，即无定型非结晶体，其物理性质和力学性质等是各向同性的。

（1）玻璃的光学性质

玻璃是一种高度透明的材料，具有一定的光学常数、光谱特性，吸收或透过紫外线、红外线，感光、光变色、光存储和显示等重要光学性能。当光照射在玻璃上时，表现出透射、反射和吸收的性质，即光线能透过玻璃（透射），使我们能看到其他的物体；或光线被玻璃阻挡，按一定角度反射出来（反射），产生反光；或光线透过玻璃后，一部分光能量被损失（吸收），降低了亮度，使我们看到的物体有些模糊。

受玻璃本身的质量、厚度、层数以及玻璃着色、表面加工处理等有关，如玻璃随着厚度、层数的增加，透光率减小，洁净无色透明玻璃比着色透明玻璃（在玻璃的生产中加入少量着色剂）和磨砂玻璃的透光率大。

图3-54 建筑中的琉璃装饰品

图3-55 不同材料带来不同的特质和表情

（2）玻璃的热工性质

玻璃抵抗温度变化而不破坏的性质称为热稳定性，玻璃抗急热破坏的能力比抗急冷破坏的能力强，这是因为受急热时玻璃表面产生压应力，而受急冷时玻璃表面产生的是拉应力，玻璃的抗压强度远高于抗拉强度。

（3）玻璃的电学性质

常温下玻璃是绝缘体，有些玻璃则是半导体材料。当温度升高时，玻璃的导电性迅速提高，熔融状态时则变为良导体。

2. 化学稳定性

玻璃具有较高的化学稳定性。通常情况下，大多数玻璃材料能抗除氢氟酸以外的各种酸类物的侵蚀，但玻璃耐碱腐蚀能力较差。玻璃长期在大气和雨水中也会受到侵蚀，化学稳定性变差，从而导致玻璃的破坏。

3. 建筑玻璃的用途

由过去单纯为采光材料向控制光线、调节热量、节约能源、控制噪声、降低建筑结构自重、改善环境等方向发展，同时用着色、磨光、刻花等办法获得各种装饰效果。

二、玻璃材料的表面加工

普通平板玻璃经过表面加工后，可以改善外观和表面性质，还可进行装饰。经过特殊加工后的玻璃，如中空玻璃、钢化玻璃等，还能改善玻璃的物理和力学性能。玻璃的表面加工可分为冷加工、热加工和表面处理三大类。

1. 玻璃的冷加工

在常温下通过机械方法来改变玻璃制品的外形和表面形态的过程，称为冷加工。冷加工的基本方法有研磨抛光、喷砂、切割、钻孔和切削。

（1）研磨抛光

研磨是将玻璃制品粗糙不平处或成型时余留部分的玻璃磨去，使制品具有需要的尺寸、形状及平整的表面。开始用粗磨料研磨，然后逐级使用细磨料，直至玻璃表面的毛面状态变得较细致，再用抛光材料抛光，使毛面玻璃表面得以平滑、透明，并具有光泽。研磨和抛光两个工序结合起来俗称抛光。经研磨、抛光后的玻璃制品，称为磨光玻璃。

图3-56 玻璃的高温成型可产生千变万化的形态

图3-57 地面使用的玻璃以不再陌生

图3-58 各种彩色细石子同样可以诠释新的寓意

（2）喷砂、切割与钻孔

喷砂是利用高压空气通过喷嘴细孔时形成的高速气流，带着细粒石英沙或金刚石沙等吹到玻璃表面，使表面组织不断受到沙粒的高速冲击而产生破坏，形成毛面的过程。喷砂主要用于玻璃表面磨砂及玻璃仪器商标的打印。

切割是利用玻璃的脆性和残余应力，在切割点加一刻痕造成应力集中，使玻璃易于折断的过程。对不太厚的玻璃板、玻璃管，均可用金刚石、合金刀或其他坚韧工具在表面刻痕，再加折断。为了使切割处应力更加集中，也可在刻痕后再沿刻痕用火焰加热，使之更易折断。

钻孔分研磨钻孔、钻床钻孔、冲击钻孔、超声波钻孔等。

2. 玻璃的热加工

建筑玻璃常进行热加工处理，目的是为了改善其性能及外观质量。

玻璃的热加工原理主要是利用玻璃黏度随温度改变的特性以及其表面张力与导热系数的特点来进行的。各种类型的热加工，都需要把玻璃加热到一定温度。由于玻璃的黏度随温度升高而减小，同时玻璃导热系数较小，所以能采用局部加热的方法，在需要加热的地方使其局部达到变形，软化，甚至熔化流动的状态，再进行切割、钻孔、焊接等加工。利用玻璃的表面张力大，有使玻璃表面趋向平整的作用，可将玻璃制品在火焰中抛光和烧口。

图3-59 通透的玻璃质感给人既精致又现代的感觉

中国气象局华风气象影视大楼

在热加工过程中，必须掌握玻璃的析晶性能，防止玻璃析晶。玻璃与玻璃或与其他材料（如金属、陶瓷等）加热焊接时，两者的膨胀系数必须相同或相近。玻璃在火焰中加热时，要防止玻璃中的砷、锑、铅等成分被还原而发黑，要结合玻璃的组成与性能，控制适宜的火焰性质与温度。由于玻璃的导电性能随温度升高而增大，可采用煤气与电综合加热的方法来加工厚玻璃制品。经过热加工的制品，应缓慢冷却，防止炸裂或产生大的永久应力。对许多制品还必须进行二次退火。

3. 玻璃的表面处理

玻璃的表面处理主要分为四类，即化学刻蚀、化学抛光、表面金属涂层和表面着色处理。

（1）玻璃的化学刻蚀

化学刻蚀是用氢氟酸溶掉玻璃表层的硅氧，根据残留盐类溶解度的不同，而得到有光泽的表面域无光泽的毛面的过程。玻璃与氢氟酸作用后生成的盐类溶解度各不相同。氢氟酸盐类中，碱金属（铀和钾）的盐易溶于水，而氟化钙、氟化钡、氟化铅不溶于水。在氟硅酸盐中，钠、钾、钡和铅盐在水中都溶解很少，而其他盐类则易于溶解。

生产中采用的蚀刻剂为蚀刻液或蚀刻膏，制品上不需要腐蚀的部位可涂上保护漆或石蜡。

（2）化学抛光

化学抛光的原理是利用氯氟酸破坏玻璃表面原有的硅氧膜，而形成新的硅氧膜，提高玻璃的光洁度和透光率。化学抛光效率高于机械抛光且节省动力。化学抛光一种是单纯的化学侵蚀作用，另一种是用化学侵蚀和机械研磨相结合。前者多用于玻璃器皿，后者则用于平板玻璃。

采用化学侵蚀与机械研磨结合的方法称化学研磨法。玻璃表面添加磨料和化学侵蚀剂，化学侵蚀生成氟硅酸盐，通过机械研磨面除去，使化学抛光的效率大大提高。

（3）表面金属涂层

玻璃表面镀上一层金属薄膜，广泛用于加工制造热反射玻璃、护目玻璃、膜层导电玻璃、保温瓶胆、玻璃器皿和装饰品等。

（4）表面着色处理

玻璃表面着色就是在高温下用着色离子的金属、熔盐、盐类的糊

图3-60 玻璃材料在建筑中也能产生丰富的造型，安徽淮南两"琴"相悦建筑

图3-61 穹形屋顶造型蕴藏着技术和工艺的进步

膏涂覆在玻璃表面上，使着色离子与玻璃中的离子进行交换，扩散到玻璃表层中使其表面着色。

三、平板玻璃

平板玻璃是指未经其他加工的平板状玻璃制品，也称为白片玻璃或净片玻璃。按生产方法不同，可分为普通平板玻璃和浮法玻璃。平板玻璃是建筑玻璃中生产量最大多的一种，主要用于门窗，起采光（可见光透射比85%~90%）、围护、保温、隔声等作用，也是进一步加工成其他技术玻璃的原片。

平板玻璃的分类可分为传统平板玻璃、浮法玻璃和磨光玻璃。

1. 传统平板玻璃

传统平板玻璃的生产沿用垂直引上法，该方法使熔融的玻璃液垂直向上引拉，经快冷后切割而成。然而，此法生产的玻璃容易产生玻筋，当物像透过玻璃时会产生变形；另外，生产的玻璃厚度不均匀，板面易产生麻点、落灰等，所以，它已被浮法玻璃所取代。

2. 浮法玻璃

浮法玻璃是现代最先进的生产平板玻璃的方法。它将熔融的玻璃液从熔炉中引出流入盛有熔锡的浮炉，并在干净的锡液表面上自由摊平，玻璃上表面受到火磨区的抛光，从而使玻璃两个面平整。最后经退火炉退火冷却，并进行切割，从而获得表面平稳、十分光洁、厚度均匀、无玻筋和玻纹的玻璃。可满足各类大小板材的应用，尤其是大面积的拼接使用，可以减少迸缝或龙骨间接阻隔视线的不透通感，使整体美观等。

3. 磨光玻璃

磨光玻璃又称镜面玻璃，它是将传统平板玻璃经表面磨平、抛光而成。磨光玻璃又分单面和双面磨光玻璃两种，其表面平整光滑，物像透过玻璃不变形，透光率大于85%。磨光玻璃用于门窗、隔断，或在其背面涂汞，制作镜面玻璃，但这种传统涂汞制镜方法现已基本淘汰。

四、装饰玻璃

随着建筑发展的需要，玻璃生产技术的发展进步，玻璃由过去的单一采光功能向着装饰等多功能方向发展，其装饰效果不断地提高，现已成为一种重要的门窗、外墙和室内用装饰材料。

1. 彩色平板玻璃

彩色平板玻璃又称为有色玻璃或饰面玻璃。彩色玻璃分为透明和

图3-62 红色烤漆玻璃墙面带来一种特殊的质感

不透明的两种。不透明的彩色玻璃又称为饰面玻璃，经过退火的饰面玻璃可以切割，但经过钢化处理的不能再进行切割加工。

彩色平板玻璃也可以采用在无色玻璃表面上喷涂高分子涂料或贴粘有机膜制得，这种方法在装饰上更具有随意性。彩色平板玻璃的颜色有茶色、海洋蓝色、宝石蓝色、翡翠绿等。彩色玻璃可以拼成各种图案，并有耐腐蚀、抗冲刷、易清洗等待点，主要用于建筑物的内外墙、门窗装饰及对光线有特殊要求的部位。

2. 釉面玻璃

釉面玻璃是指在按一定尺寸切裁好的玻璃表面上涂敷一层彩色易熔的釉料，经过烧结、退火或钢化等热处理，使釉层与玻璃牢固结合，制成的具有美丽的色彩或图案的玻璃。

釉面玻璃一般以平板玻璃为基材。特点是：图案精美，不褪色，不掉色，易于清洗，可按用户的要求图案制作。釉面玻璃具有良好的化学稳定性和装饰性，广泛用于室内饰面层，一般建筑物门厅和楼梯间的饰面层及建筑物外饰面层。

3. 压花玻璃

压花玻璃又称为花纹玻璃或滚花玻璃。压花玻璃有一般压花玻璃、真空镀膜压花玻璃、彩色膜压花玻璃等。一般压花玻璃是在玻璃成型过程中，使塑性状态的玻璃带通过一对刻有图案花纹的辊子，对玻璃的表面连续压延而成。如果一个辊子带花纹，则生产出单面压花玻璃；如果两个辊子都带有花纹，则生产出双面压花玻璃。在压花玻璃有花纹的一面，用气溶胶对玻璃表面进行喷涂处理，玻璃可呈浅黄色、浅蓝色等。经过喷涂处理的压花玻璃立体感强，而且强度可提高50%~70%。

由于一般压花玻璃的一个或两个表面压有深浅不同的各种花纹图案，其表面凹凸不平，当光线通过玻璃时产生无规则的折射，因而压花玻璃具有透光而不透视的特点，并且呈低透光度，透光率为50%~70%。从压花玻璃的一面看另一面的物体时，物像显得模糊不清。压花玻璃的表面有各种花纹图案，还可以制成一定的色彩，因此具有良好的装饰性。

真空镀膜压花玻璃是经真空镀膜加工制成，给人以一种素雅、美观、清新的感觉，花纹的立体感强，并具有一定的反光性能，是一种良好的室内装饰材料。

一般场所使用压花玻璃时可将其花纹面朝向室内；作为浴室、卫

图3-63 玻璃的曲面可以围合空间，产生灵动的感觉

生间门窗玻璃时应注意将其花纹面朝外。

4.喷花玻璃

喷花玻璃又称为胶花玻璃，是在平板玻璃表面贴以图案，抹以保护面层，经喷砂处理形成透明与不透明相间的图案而成，喷花玻璃给人以高雅、美观的感觉，适用于室内门窗、隔断和采光。

5.乳花玻璃

乳花玻璃是新近出现的装饰玻璃，它的外观与胶花玻璃相近。乳花玻璃是在平板玻璃的一面贴上图案，抹以保护层，经化学蚀刻而成。它的花纹柔和、清晰、美丽，富有装饰性。用途与胶花玻璃相同。

图3-64 浴室一般都使用玻璃材料，抗腐蚀、耐水和空间利用都比较好

6. 刻花玻璃

刻花玻璃是由平板玻璃经涂漆、雕刻、围蜡与酸蚀、研磨而成。图案的立体感非常强，似浮雕一般，在室内灯光的照耀下，更是熠熠生辉。刻花玻璃主要用于高档场所的室内隔断或屏风。

7. 冰花玻璃

冰花玻璃是一种利用平板玻璃经特殊处理形成具有自然冰花纹理的玻璃。冰花玻璃对通过的光线有漫射作用，如作门窗玻璃，犹如蒙上一层纱帘，看不清室内的景物，却有着良好的透光性能，具有良好的艺术装饰效果。它具有花纹自然、质感柔和、透光不透明、视感舒适的特点。

冰花玻璃可用无色平板玻璃制造，也可用茶色、蓝色、绿色等彩色玻璃制造。其装饰效果优于压花玻璃，给人以典雅清新之感，是一种新型的室内装饰玻璃。可用于宾馆、酒楼、饭店、酒吧间等场所的门窗、隔断、屏风和家庭装饰。

8. 磨（喷）砂玻璃

磨（喷）砂玻璃又称为毛玻璃或暗玻璃，是经研磨、喷砂加工，使表面成为均匀粗糙的平板玻璃。用硅砂、金刚砂、刚玉粉等作研磨材料，加水研磨制成的称为磨砂玻璃；用压缩空气将细砂喷射到玻璃表面而成的，称为喷砂玻璃。

图3-65 装饰玻璃已经广泛的使用

由于这种玻璃表面粗糙，使透过的光线产生漫射，只有透光性而不透视，作为门窗玻璃可使室内光线柔和，没有刺目之感。这种玻璃一般用于建筑物的卫生间、浴室、办公室等需要隐秘和不受干扰的房间；也可用于室内隔断和作为灯箱透光片使用。

作为办公室门窗玻璃使用时，应注意将毛面朝向室内。作为浴室、卫生间门窗玻璃使用时应使其毛面朝外，以避免淋湿或沾水后透明。

9. 镜面玻璃

镜面玻璃即镜子，指玻璃表面通过化学（银镜反应）或物理（真空镀铝）等方法形成反射率极强的镜面反射的玻璃制品。为提高装饰效果，在镀镜之前可对原片玻璃进行彩绘、磨刻、喷砂、化学蚀刻等加工，形成具有各种花纹图案或精美字画的镜面玻璃。

一般的镜面玻璃具有三层或四层结构，三层结构的面层为玻璃，中间层为镀铝膜或镀银膜，底层为镜背漆。

在装饰工程中，常利用镜子的反射、折射来增加空间感和距离感，或改变光照效果。常用的镜子有以下几种：

（1）明镜：为全反射镜，用作化妆台、壁面镜屏。

（2）墨镜：也称黑镜，呈黑灰色。有神秘气氛感。一般用于餐厅、咖啡厅、商店、旅馆等的顶棚、墙壁或隔屏等。

墨镜于施工前应擦拭干净，才可检查镜面是否有瑕疵，若有小瑕疵可用报纸擦拭，用黑色油性签字笔涂刷刮痕处即可。

（3）彩绘镜、雕刻镜。即制镜时在镀膜前在玻璃表面上绘出要求的彩色花纹图案，镀膜后即成为彩绘。如镀膜前对玻璃原片进行雕刻，则可制得雕刻镜。

五、安全玻璃

安全玻璃是指与普通玻璃相比，具有强度高、抗冲击能力强的玻璃。其主要品种有钢化玻璃、夹丝玻璃、夹层玻璃和钛化玻璃。安全玻璃被击碎时，其碎块不会伤人，并兼具有防盗、防火的功能。根据生产时所用的玻璃原片不同，安全玻璃也可具有一定的装饰效果。

（1）钢化玻璃的概念

钢化玻璃又称为强化玻璃。普通玻璃强度低的原因是，当其受到外力作用时，在表面上形成一拉应力层，使抗拉强度较低的玻璃发生碎裂破坏。钢化玻璃是用物理的或化学的方法，在玻璃的表面上形成一个压应力层，玻璃本身具有较高的抗压强度，不会造成破坏。当玻璃受到外力作用时，这个压应力层可将部分拉应力抵消，避免玻璃的

图3-66 玻璃与PVC管的组合构成新的材料语言

碎裂，虽然钢化玻璃内部处于较大的拉应力状态，但玻璃的内部无缺陷存在，不会造成破坏，从而达到了提高玻璃强度的目的。

钢化玻璃是平板玻璃的二次加工产品，钢化玻璃的加工可分为物理钢化法和化学钢化法。

①物理钢化玻璃

物理钢化玻璃又称为淬火钢化玻璃。它是将普通平板玻璃在加热炉中加热到接近玻璃的软化温度（600℃）时，通过自身的形变消除内部应力，然后将玻璃移出加热炉，再用多头喷嘴将高压冷空气吹向玻璃的两面，使其迅速且均匀地冷却至室温，即可制得钢化玻璃。物理钢化玻璃是一种安全玻璃。

②化学钢化玻璃

化学钢化玻璃是通过改变玻璃的表面的化学组成来提高玻璃的强度，其效果类似于物理钢化玻璃，因此也就提高了强度。

（2）钢化玻璃的性能特点

①机械强度高；

②弹性好；

③热稳定性好。

使用时应注意的是钢化玻璃不能切割、磨削，边角亦不能碰击挤压，需按现成的尺寸定制加工。用于大面积玻璃幕墙要选择半钢化玻璃，避免风荷载引起震动而自爆。

用波浪称起的无柱空间——滨江博物馆

图3-67 法国卢浮宫的玻璃"金字塔"

2. 夹丝玻璃

夹丝玻璃也称防碎玻璃或钢丝玻璃。它是由压延法生产的，即在玻璃熔融状态时将经丝或钢丝网压入玻璃中间，经退火、切割而成。夹丝玻璃表面可以是压花的或磨光的，颜色可以制成无色透明或彩色的。

（1）夹丝玻璃的性能特点

① 安全性

夹丝玻璃由于钢丝网的骨架作用，不仅提高了玻璃的强度，而且遭受冲击或温度骤变而破坏时，碎片也不会飞散，避免了碎片对人的伤害作用。

② 防火性

当火焰蔓延，夹丝玻璃受热炸裂时，由于金属丝网的作用，玻璃仍能保持固定，隔绝火焰，故又称防火玻璃。

（2）夹丝玻璃的应用

我国生产的夹丝玻璃分为夹丝压花玻璃和夹丝磨光玻璃两类。夹丝玻璃可用于建筑的防火门窗、天窗、采光屋顶、阳台等部位。

3. 夹层玻璃

夹层玻璃是在两片或多片玻璃原片之间，用PVB（聚乙烯醇缩丁醛）树脂胶片，经加热、加压粘合而成的平面或曲面的复合玻璃制品。夹层玻璃的层数有2、3、5、7层，最多可达9层。

（1）夹层玻璃的性能特点

具有防爆和抵抗极强风压的能力。当受到外力撞击时，玻璃布满裂纹，玻璃碎片不会掉落，仍与PVB胶膜黏结在一起，安全性能良好。

能降低室外各种低频或高频噪音。PVB中间膜能吸收至少99.5%的紫外线，故能防止室内织物、墙纸、地板等材料老化褪色。对室内的光线和温度起到优异的调节作用，减少空调和取暖的能耗。

（2）夹层玻璃的应用

夹层玻璃有着较高的安全性，一般用于在建筑上用作高层建筑的门窗、天窗和商店、银行、珠宝店的橱窗、隔断等。夹层玻璃不能切割，需要选用定型产品或按尺寸定制。

4. 钛化玻璃

钛化玻璃也称永不碎裂铁甲箔膜玻璃。是将钛金箔膜紧贴在任意一种玻璃基材之上，使之结合成一体的新型玻璃。钛化玻璃具有高抗

新加坡Ninety7圆弧住宅-1

新加坡Ninety7圆弧住宅-2

碎能力，抗防热及防紫外线等功能。不同的基材玻璃与不同的钛金薄膜，可组合成不同色泽、不同性能、不同规格的钛化玻璃。钛化玻璃常见的颜色有无色透明、茶色、茶色反光、铜色反光等。

六、节能装饰型玻璃（特种玻璃）

传统的玻璃应用在建筑上主要是采光，随着建筑物门窗尺寸的加大，人们对门窗的保温隔热要求也相应提高，节能装饰型玻璃就是能够满足这种要求，集节能性和装饰性于一体的玻璃。建筑上常用的节能装饰型玻璃有吸热玻璃、热反射玻璃和中空玻璃等。

1. 吸热玻璃

吸热玻璃是一种能控制阳光中热能透过的玻璃，可显著吸收阳光中热作用较强的红外线、近红外线，而又保持良好的透明度。吸热玻璃通常都带有一定的颜色，所以也称为着色吸热玻璃。

2. 热反射玻璃

热反射玻璃是由无色透明的平板玻璃镀覆金属膜或金属氧化物膜而制得，又称镀膜玻璃或阳光控制膜玻璃。

3. 低辐射膜玻璃

低辐射膜玻璃是镀膜玻璃的一种，它有较高的透过率，可以使70%以上的太阳可见光和近红外光透过，有利于自然采光，节省照明费用，但这种玻璃的镀膜具有很低的热辐射性，室内被阳光加热的

新加坡Ninety7圆弧住宅-3

新加坡Ninety7圆弧住宅 4

图3-68 建筑中大量使用中空玻璃可以节省能源消耗

物体所辐射的远红外光很难通过这种玻璃辐射出去，可以保持90%的室内热量，因而具有良好的保温效果；此外低辐射膜玻璃还具有较强的阻止紫外线透射的功能，可以有效地防止室内陈设物品、家具等受紫外线照射产生老化、褪色等现象。

低辐射膜玻璃一般不单独使用，往往与普通平板玻璃、浮法玻璃、钢化玻璃等配合制成高性能的中空玻璃。主要规格有（单位mm）：1500×900，1500×1200，1800×750，1800×1200，1800×1600，2200×1250。

4. 中空玻璃

中空玻璃是由两片或多片玻璃以有效支撑均匀隔开并周边粘接密封，使玻璃层间形成有干燥气体空间的制品。中空玻璃四周边缘部分用胶结、焊接方法密封而成，其中以胶结方法应用最为普遍。中空玻璃按玻璃层数，有双层和多层之分，一般是双层结构，

制作中空玻璃的原片可以是普通玻璃、浮法玻璃、钢化玻璃、夹丝玻璃、着色玻璃和热反射玻璃、低辐射膜玻璃等，厚度通常是3、4、5、6（mm）。高性能中空玻璃的外侧玻璃原片应为低辐射玻璃，中空玻璃的中间空气层厚度为6、9~10、12~20（mm）三种尺寸，颜色有无色、绿色、茶色、蓝色、灰色、金色、棕色等。

七、其他玻璃装饰品

1. 玻璃锦砖

玻璃锦砖又称玻璃马赛克，是一种小规格的方形彩色饰面玻璃。单块的玻璃锦砖断面略呈倒梯形，正面为光滑面，背面略带凹状沟槽，以利于铺贴时有较大的吃灰深度和粘结面积，粘结牢固而不易脱落。

将单块的玻璃锦砖按设计要求的图案及尺寸，用以糊精为主要成分的胶粘剂粘贴到牛皮纸上成为一联（正面贴纸）。铺贴时，将水泥浆抹到一联锦砖的非贴纸面，便之填满块与块之间的缝隙及每块的沟槽，成联铺于墙面上，然后将贴面纸洒水润湿，将牛皮纸揭去。

玻璃马赛克表面光滑、不吸水，所以抗污件好，具有雨水自涤、历久常新的特点；玻璃马赛克的颜色有乳白、姜黄、红、黄、蓝、白、黑及各种过渡色，有的还带有金色、银色斑点或条纹，可拼装成各种图案，或者绚丽豪华，或者庄重典雅，是一种很好的饰面材料，较多应用于建筑物的外墙贴面装饰工程。

图3-69 建筑中大量使用中空玻璃可以节省能源消耗

图3-70 国家大剧院建筑的玻璃"皮肤"

图3-71 玻璃空心砖在家居中的运用

2. 玻璃空心砖

玻璃空心砖是由两块压铸成凹形的玻璃，经熔接或胶结而成的正方形或矩形玻璃砖块。生产玻璃空心砖的原料与普通玻璃相同，经熔融成玻璃后，在玻璃处于塑性状态时，先用模具压成两个中间凹形的玻璃半砖，经高温熔合成一个整体，退火冷却后，再用乙基涂料涂饰侧面而形成玻璃空心砖。由于经高温加热熔接后退火冷却，玻璃空心砖的内部有2/3个大气压。

玻璃空心砖有正方形、矩形及各种异形产品，它分为单腔和双腔两种。双腔玻璃空心砖是在两个凹形半砖之间夹有一层玻璃纤维网，从而形成两个空气腔，具有更高的热绝缘性。

玻璃空心砖可以是平光的，也可以在里面或外面压有各种花纹，颜色可以是无色的，也可以是彩色的，以提高装饰性。

玻璃空心砖具有非常优良的性能，强度高、隔声、绝热、耐水、防火。玻璃空心砖常被用来砌筑透光的墙壁、建筑物的非承重内外隔墙、淋浴隔断、门厅通道。玻璃空心砖不能切割。施工时可用固定隔框或用6mm拉结筋结合固定框的方法进行加固。

图3-72 普通涂料也能营造高品味的空间效果

第六节 涂料装饰材料

建筑物的内外表面的装饰和保护的方法很多，但最便捷经济的方法是使用涂料。涂料是有机高分子胶体混合物的液体和粉末，可借助于刷涂、辊涂、喷涂、抹涂、弹涂等多种作业方法涂覆于物体表面，形成一种具有附着力、机械强度和装饰作用的涂膜。

由于我国传统涂料采用植物油和天然树脂熬炼而成，因此习惯上把涂料称为油漆。人们习惯上把溶剂型涂料俗称油漆，而把乳液型涂料俗称为乳胶漆。应该强调的是，现在人们习惯称呼中的涂料里的"漆"，已和传统的漆，有了很大的不同。

一、涂料的基本知识

1. 涂料的组成

涂料种类繁多，功能名异，但主要成分不外乎三种：成膜物质、颜料、辅助材料。

（1）主要成膜物质

主要成膜物质大多数是有机高分子化合物，是组成涂料的基础，它们是涂料牢固地粘附在物体表面上成为涂膜的主要物质。成膜物质大体可分为两大类：一类是油脂，另外一类是树脂，分别为天然树脂、人造树脂和合成树脂。其中除了生漆的主要成分是漆酚外，其他树脂因是高分子化合物，涂布后进一步发生交联、聚合反应形成固体薄膜。这是目前用得最多的成膜物质。一般用油脂和天然树脂合用作为成膜物质的涂料，叫做油基涂料或油基漆；用合成树脂为成膜物质的涂料叫做树脂涂料或树脂漆。

（2）颜料

颜料是组成涂料的另一种主要成分。单用油或树脂制成的涂料，在物体表面上生成的涂膜是透明的，不能把物体表面的缺陷遮盖起来，不能使物体表面有鲜艳的色彩，也不能阻止因紫外线直射对物体表面产生的破坏作用。颜料的加入可以克服上述缺点，使涂料成为不透明、绚丽多彩又有保护作用的硬膜。此外，颜料的加入可增加涂膜的厚度，提高机械强度、耐磨性、附着力和耐腐蚀性能。涂料中的颜料根据功能分为着色颜料、防锈颜料和体质颜料三类。

着色颜料：主要起显色作用，可分为白、黄、红、蓝、黑五种基本色，并通过这五种基本色调配出各种颜色。

防锈颜料：根据其防锈作用机理可以分为物理防锈颜料和化学防锈颜料两类。物理防锈颜料的化学性质较稳定，它是借助其细微颗粒的充填，提高涂膜的致密度，从而降低涂膜的可渗透性，阻止阳光和水的透入，起到了防锈作用。体质颜料：又称填料，是基本上没有遮盖和着色力的白色或无色粉末。它们能增加涂膜的厚度和体质，提

图3-73 单一红色涂料的运用带来了强烈的视觉冲击力

高涂料的物理化学性能。

（3）辅助材料

①溶剂

在涂料中使用溶剂，目的是降低成膜物质的粘稠度、便于施工，得到均匀而连续的涂膜。溶剂最后并不留在干结的涂膜中，而是全部挥发掉，所以又称挥发组分。

溶剂在涂料成膜的过程中起着重要的作用。因此要求溶剂对所有成膜物质组分要有很好的溶解性，具有较强降低粘度的能力。

涂料中的溶剂最终要全部挥发到大气中去，上述有机溶剂大多为易燃易爆物，而且有一定的毒性。因此在选用溶剂时要考虑安全性、经济性和低污染性。目前，一些少溶剂和无溶剂的涂料新品种，如高固体分涂料、水乳胶涂料、粉末涂料越来越受到使用者的欢迎。

②助剂

在涂料的组分中，除成膜物质、颜料和溶剂外，还有一些用量虽小，但对涂料性能起重要作用的辅助材料，统称助剂。主要有以下数种：

催干剂——加速油基漆氧化、聚合而干燥成膜；

润湿剂——降低物质间的界面张力，使固体表面易于被液体所润湿；

分散剂——吸附在颜料表面上形成吸附层，降低微粒间的聚集，防止颜料絮凝；

增塑剂——增加涂膜的柔韧性、弹性和附着力；

防沉淀剂——防止涂料贮存过程中颜料沉底结块。

正确地、有选择地使用助剂，才能达到最佳效果。

2. 涂料的分类

建筑涂料分类方式多样：

① 按主要成膜物质分：有机、无机、有机-无机复合涂料

② 按主要成膜物质的状态分：水溶性、乳液类、溶剂性粉末型

③ 按照装饰功能分：平壁状、砂壁状、立体花纹状

④ 按特殊功能分：防火、防水、防霉、防结露等

3. 建筑涂料的功能

建筑涂料涂层对被保护建筑物有装饰和保护功能，以及防水防火等特殊功能。

装饰作用——建筑涂料的目的首先在于遮盖建筑屋表面的各种缺陷，使其显得美观大方、明快舒畅，又能与周围的环境协调配合。涂

图3-74 单一红色涂料的运用带来了强烈的视觉冲击力

料的装饰功能包括平面（色彩、色彩图案和光泽）和立体（立体花纹的设计构思）两个不同质感的装饰。室内装修和室外装修功能基本相同，但要求标准不一样，通常内墙喜欢采用较平的立体花纹或色彩花纹，避免高光泽，而外墙要求光泽和富有立体质感的花纹。

保护功能——建筑涂料能够阻止或延迟空气中的氧气、水气、紫外线以及工厂排放出来的有害气体对建筑物的破坏，延长建筑物的使用寿命。不同种类的被保护体，要求不同性能的涂料。

特殊功能——部分室内涂层要求具有隔音、防结露、防霉防藻功能，有些建筑装修要求涂层具有防火、防水、防辐射、杀虫、隔热等功能。

二、涂料的技术性能要求

1. 涂料的主要技术性能要求

涂料的主要技术性能要求有：在容器中的状态、黏度、含固量、细度、干燥时间、低成膜温度等。

（1）容器中的状态

容器中的状态反映涂料体系在储存时的稳定性。各种涂料在容器中储存时均应无结块，搅拌后应呈均匀状态。

（2）黏度

涂料应有一定的黏度，使其在涂饰作业时易于流平而不流挂。建筑涂料的黏度取决于主要成膜物质本身的黏度和含量。

（3）含固量

含固量是指涂料中不挥发物质在涂料总量中所占的百分比。含固量的大小不仅影响涂料的黏度，同时也影响到涂膜的强度、硬度，光泽及遮盖力等性能。

（4）细度

细度是指涂料中次要成膜物质的颗粒大小，它影响涂膜颜色的均匀性、表面平整性的光泽。

（5）干燥时间

涂料的干燥时间分为表干时间和实干时间，它影响到涂饰施工的时间，一般地，涂料的表干时间不应超过2小时，实干时间不应超过24小时。

（6）最低成膜温度

最低成膜温度是乳液型涂料的一项重要性能。乳液型涂料的最低成膜温度都应在10℃以上。

德国汉堡牙科室

此外，对不同类型的涂料，还有一些不同的特殊要求，如砂壁状涂料的骨料沉降性、合成树脂乳液型涂料的低温稳定性等。

2. 涂膜的主要技术性能要求

涂膜的技术性能包括物理力学性能和化学性能。主要有涂膜颜色、遮盖力、附着力粘结强度、耐冻融性、耐污染性、耐候性、耐水性、耐碱性及耐刷洗性等。

（1）涂膜颜色

涂膜颜色与标准样品相比，应符合色差范围。

（2）遮盖力

遮盖力反映涂膜对基层材料颜色遮盖能力的大小，与涂料中着色颜料的着色力及含量有关，

（3）附着力

附着力是表示薄质涂料的涂膜与基层之间粘结牢固程度的性能，质量优良的涂膜其附着力指标应为100％。

（4）粘结强度

粘结强度是表示厚质建筑材料涂料和复层建筑涂料的涂膜与基层粘结牢固程度的性能指标。粘结强度高的涂料其涂膜不易脱落，耐久性好。

（5）耐冻融性

对外墙涂料的涂膜有一定的耐冻融性要求。涂膜的耐冻融性用涂膜标准样板在-20℃~-23℃之间能承受的冻融循环次数表示，次数越多，表明涂膜的耐冻融性越好。

（6）耐沾污性

耐沾污性是指涂料抵抗大气灰尘污染的能力，它是外墙涂料的一项重要的性能，暴露在大气环境中的涂料，受到的灰尘污染有三类：第一类是沉积性污染，即灰尘自然沉积在涂料表面，污染程度与涂膜的平整性有关；第二类是侵入性污染，即灰尘、有色物质等随同水分侵入到涂膜的毛细孔中，污染程度与涂膜的致密性有关；第三类是吸附性污染，即由于涂膜表面带有静电或油污而吸引灰尘造成污染。其中以第二类污染对涂膜的影响最为严重。涂料的耐沾污性用涂膜经污染剂反复污染至规定次数后，对光的反射系数下降率的百分数表示，下降率越小，涂料的耐沾污性越好。

（7）耐候性

有机涂料的主要成膜物质在光、热、臭氧的长期作用下，会发生

在日本在原宿"flatflat商店运用光和颜色呼应形成绚丽的感觉

高分子的降解或交联，使涂料结性变脆、变色，失去原有的强度、柔韧性和光泽，最终导致涂膜的破坏。这种现象称为涂料的老化。涂料抵抗老化的能力称为耐候性，它通常在给定的人工加速老化处理时间后，涂膜粉化、裂化、起鼓、剥落及变色等状态指标来表示涂料的耐候性。

（8）耐水性

涂料与水长期接触会产生起泡、掉粉、失光、变色等破坏现象。涂膜抵抗水的这种破坏作用的能力称为涂料的耐水性。

（9）耐碱性

大多数建筑涂料是涂饰在水泥混凝土、水泥砂浆等含碱材料的表面上，在碱性介质的作用下，涂膜会产生起泡、掉粉、失光和变色等破坏现象；因此涂料必须具有一定的抵抗碱性介质破坏的能力，即耐碱性。

（10）耐刷洗性

耐刷洗性表示涂膜受水长期冲刷而不破坏的性能。涂料耐刷洗性的测定方法是：用浸有规定浓度肥皂水的鬃刷，在一定压力下反复擦刷试板的涂膜，刷至规定的次数，观察涂膜是否破损露出试板底色，外墙涂料的耐刷洗次数一般要求达1000次以上。

上述对涂膜的各项技术要求并非对所有的涂料都是必须的，如耐冻融性、耐油污性、耐候性对于外墙涂料是重要的技术性能，但对内墙涂料则往往不做要求。此外，对于不同的涂料，还有一些特殊的技术要求，如对地面涂料，要求具有较高的耐磨性，对复层建筑涂料则有耐冷热循环性及耐冲击性等。

内墙涂料也可以用作顶棚涂料，它的作用是装饰和保护室内墙面和顶棚。对内墙涂料的主要要求是色彩丰富、色调柔和，涂膜细腻，耐碱性、耐水性好，不易粉化，透气性好，涂刷方便，重涂性好。

常用的内墙涂料有合成树脂乳液内墙涂料、水溶性内墙涂料、多彩花纹内墙涂料。

三、常用涂料的特性与用途

1. 清漆

清漆是不含颜料的油状透明涂料，以树脂或树脂与油为主要成膜物质。油基清漆系由合成树脂、干性油、分散介质、催干剂等配制而成。油料用量较多时，漆膜柔韧、耐久且富有弹性，但干燥较慢，油料用量较少时，则漆膜坚硬、光亮、干燥快，但较易脆裂。油基清漆

图3-75 墙面造型简单而富有变化

有脂胶清漆、酚醛清漆、醇酸清漆等。

（1）脂胶清漆

脂胶清漆又称耐水清漆，是以干性油和甘油松香为主要成膜物质而制成的。这种清漆漆膜光亮，耐水性好，但光泽不持久，干燥性差，适用于木质家具、门窗、板壁等的涂刷及金属表面的罩光。

（2）酚醛清漆

酚醛清漆是由干性油和改性酚醛树脂为主要成膜物质而制得的，特点是干燥快，漆膜坚韧耐久，光泽好，并耐热、耐水、耐弱酸碱；施工方便，价格较低。缺点是涂膜干燥慢，颜色较深，容易泛黄，不能砂磨抛光，光泽度较差，涂层干后稍有粘性，一般用于室内外木器和金属表面涂饰。

（3）醇酸清漆

醇酸漆是以干性油和改性醇酸树脂为主要成膜物质分散于有机溶剂中而制得的。这种漆的附着力、光泽度、耐久性比脂胶清漆和酚醛清漆都好，漆膜干燥快，硬度高，绝缘性好，可抛光，打磨，色泽光亮，但膜脆，耐热，抗大气性较差。醇酸漆该主要用于涂刷门窗、木地面、家具等，不宜用于室外。

（4）硝基清漆

硝基清漆又称蜡克、喷漆。是漆中另一类型，它的干燥是通过溶剂的挥发，而不包含有复杂的化学变化。硝基清漆是以硝化棉为主要成膜物质，加入其他合成材脂、增韧剂、溶剂和稀释剂制成的。这种漆具有干燥快、漆膜坚硬、光亮、耐磨、耐久等优点，但耐光性差。它是一种高级涂料，适用于木材和金属表面的复层涂饰，主要用于高级建筑的门窗、壁板、扶手等。硝基清漆的成本高，施工麻烦，溶剂有毒，且易挥发。使用时注意通风和劳动保护。

2. 磁漆

磁漆是在清漆基础上加入无机颜料而制成的。因为漆膜光亮、坚硬，酷似瓷（磁）器，所以称为磁漆。磁漆色泽丰富，附着力强，用于室内装饰和家具，也用于室外的钢铁和木材表面。常用的有醇酸磁漆、酚醛磁漆等品种。

3. 乳胶漆

（1）乳胶漆特点

乳胶漆是一种以水为介质，以丙烯酸酯类、苯乙烯–丙烯酸酯共

图3-76 墙面的风格处理存在与多种元素的组合

聚物、醋酸乙烯酯类聚合物的水溶液为成膜物质，加入多种辅助成分制成，其成膜物是不溶于水的，涂膜的耐水性和耐候性大大提高，湿擦洗后不留痕迹，并有平光、高光等不同装饰类型。

特点：

①涂膜干燥快。25℃时，30分钟内表面即可干燥，120分钟可完全干燥。

②保光保色性好。漆膜坚硬，表面平整，观感舒适。

③施工、调制方便。可在新施工完的湿墙面上施工，允许湿度8%~10%，不影响水泥继续干燥。可以用水稀释。

④安全无毒，不污染环境。在通风条件差的房间施工，也不会给工人带来危害。

⑤无火灾危险。因涂料以水为介质，所以无引起火灾的危险。

⑥使用后墙面不易吸附灰尘。

⑦耐碱性好。涂于呈碱性的新抹灰的墙和天棚及混凝土墙面，不返粘，不易变色。

（2）常见乳胶漆品种

①聚醋酸乙烯乳胶漆

聚醋酸乙烯乳胶漆的主要成膜物质是由醋酸乙烯单体通过乳液聚合得到的均聚乳液。在乳液中加入着色颜料、填料和各种助剂，经研磨或分散处理而制成的一种乳液涂料。

这种涂料无毒、无味，涂膜细腻、平光、透气性好，色彩多样，施工方便良好，耐水、耐碱、耐候性较其他共聚乳液差，是一种中档内墙涂料。

②丙烯酸酯乳胶漆

主要成膜物质是丙烯酸酯共聚乳被，它是由甲基丙烯酸甲酯、丙烯酸乙酯、丁酯及丙烯酸、甲基丙烯酸为单体，进行乳液共聚而得到的纯丙烯酸系共聚乳液。

丙烯酸酯乳胶漆的涂膜光泽柔和，耐候性、保光性、保色性优异，耐久性好，是一种高档的内墙涂料。

由于纯丙烯酸酯乳胶漆价格昂贵，常以丙烯酸系单体为主，与醋酸乙烯、苯乙烯等单体进行乳液共聚，制成性能较好而价格适中的中高档内墙涂料。主要品种：乙-丙涂料和苯-丙涂料。

③乙-丙乳胶漆

是醋酸乙烯-丙烯酸配共聚乳液涂料的简称。耐碱性、耐水性均

图3-77 粗犷的墙面肌理在清漆的作用使空间显得质朴大气

优于聚醋酸乙烯乳胶漆。

④苯–丙乳胶漆

苯–丙乳胶漆是苯乙烯–丙烯酸酯共聚乳液涂料的简称。这种涂料的耐碱性、耐水性、耐洗刷性及耐久性稍低于纯丙烯酸酯乳液涂料，但优于其他品种的内墙涂料。

（3）选择乳胶漆

①闻味：真正环保的乳胶漆应是水性无毒无味的，所以当你闻到刺激性气味或工业香精味，就不能选择。

②成膜：放一段时间后，正品乳胶漆的表面会形成厚厚的、有弹性的氧化膜，不易裂；而次品只会形成一层很薄的膜，易碎，具有辛辣气味。

③手感：用木棍将乳胶漆拌匀，再用木棍挑起来，优质乳胶漆往下流时会成扇面形。用手指摸，正品乳胶漆应该手感光滑、细腻。

④耐擦洗：可将少许涂料刷到水泥墙上，涂层干后用湿抹布擦洗，真正的乳胶漆耐擦洗性很强，擦一二百次对涂层外观不会产生明显影响；而低档水溶性涂料只擦十几次即发生掉粉、露底的褪色现象。

4. 特种涂料

特种涂料是既强调某一独特的功能性，如防水、防火、防霉、防腐、防震、杀虫、隔热、隔声等功能，又要求具有装饰性，如色泽、肌理等。

特种涂料应具备以下特点：

①具有较好的耐碱性、耐水性及与水泥基层的黏结性能，或与木质良好的结合力（防火涂料）；

②具有一定的装饰功能；

③具有某一独特的功能，如防水、防火、防霉、杀虫、隔声等；

④施工方便，翻修重涂容易。

（1）防锈涂料

防锈涂料是防止金属生锈和增加涂层的附着力，其种类多，性能各异。

（2）防火涂料

防火涂料又称阻燃涂料，将它涂刷在某些易燃材料的表面，能提高易燃材料的耐火能力。防火涂料除具备其他涂料所具备的一些性能外，还具有不燃性、难燃性和阻止燃烧或对燃烧的拓展有延滞作用。

（3）防水涂料

建筑物的墙面、屋面、尤其是屋面防水是建筑业的一个重要问题。所谓建筑防水涂料，是指形成的涂膜能防止雨水或地下水渗漏的一类涂料。主要包括屋面防水涂料及地下建筑防潮、防水涂料。我国目前已研究成功并应用的主要防水涂料品种有：水乳型再生胶沥青防水涂料、阳离子型氯丁胶乳沥青防水涂料、聚氨酯防水涂料以及防水油膏等。

在混凝土材料的基面上（如屋面）涂刷防水涂料后，能形成均匀无缝的柔性防水屋，可以有效地防止雨水或地下水的渗透，即具有良好的防水渗透作用和一定的对基层变形的适应能力。

涂膜防水层与合成高分子系的卷材防水层相比，本质上区别不大，但由于涂料在成膜过程中没有接缝，因而能形成无缝的防水层。故这类防水材料不仅能够在平屋面上，而且还能够在立面、阴阳角和其他各种复杂表面基层上形成连续不断地整体性防水涂层。

（4）防霉涂料

所谓防霉涂料是指一种能抑制霉菌生长的功能性涂料，通常是通过在涂料中添加某种抑菌剂而达到目的的。霉菌最适宜繁殖生长的自然条件为温度23℃~38℃，相对湿度为85%~100%，因此，在温湿地区的建筑物内外墙面，以及恒温恒湿车间的墙面、顶棚、地面、地下工程等都很适合霉菌的生长。在这些地方采用普通装饰涂料，会受

图3-78 外墙涂料既装饰了外墙立面又能起到保护作用

到霉菌不同程度的侵蚀，而霉菌对有机类涂料涂层的侵蚀更为严重。

传统的油漆或其他装饰涂料在储存过程中，为了防止液态涂料因细菌作用而引起霉变，常加入一定量的防腐剂，但这类涂料防腐剂的加入量远低于防霉涂料中抑菌剂的加入量，因而仅有涂料防腐作用，而无涂层防霉效果。

①防霉涂料的类型与主要品种

防霉涂料按成膜物质及分散介质不同，可以分成溶剂型与水乳型两大类；也可以按用途分成外用、内用及特种用途的各种防霉涂料。

防霉涂料与普通装饰涂料的根本区别，在于前者在涂料制造过程中加入一定量的霉菌抑制剂。性能优良的防霉涂料所选成膜物质的成膜特性应具备不含或少含可供微生物生长和繁殖的营养基成分；所形成的涂膜应具有良好的耐水、耐洗刷等性能，同时应使用优良的防霉剂或优良防霉剂的复配剂。

②防霉涂料的性能特点

1）优良的防霉性能。该类涂料应用于适宜霉菌滋长的环境中，而能较长时间保护涂膜表面不长霉。

2）良好的装饰性能。涂料在建筑物中使用部位不同，应满足各种不同的使用要求，应达到与普通建筑装饰涂料相同的性能指标，如外用防霉涂料应具有优良的耐水、耐候性能。防霉内墙涂料应具有优良的耐擦洗性与装饰性能。防霉地面涂料应具有良好的耐摩擦性能等。

3）防霉涂料涂刷成膜以后，对人畜应无害。

（5）防腐涂料

防腐涂料是用来保护材料的外观质量，增强材料的耐酸损及其他有机物腐蚀的性能。

①防腐蚀涂料的类型与主要品种

1）酚醛防腐涂料。抗化学性能好，但涂膜硬而脆。如各色酚醛耐酸涂料，耐酸性好，用于涂刷受酸气腐蚀的金属和木质构件，铁黑酚醛防腐材料，附着力、耐水、耐腐蚀性能好。

2）环氧树脂防腐涂料。附着力、耐碱、耐溶剂性好，主要用于金属表面防腐涂装。

②防腐蚀涂料的性能特点

1）具有一般建筑涂料的装饰性能。

2）对于腐蚀介质应具有良好的稳定性，涂膜长期与腐蚀介质接触应不会溶解、溶胀、破坏、分解及发生不良的化学反应。

3）涂层应具有良好的抗渗性，能阻挡有害介质或有害气体的侵入。

4）与建筑物基层应具有良好的黏结性。

5）涂层应具有较好的机械强度，不会开裂及脱落。

6）外用防腐涂料还应具有良好的耐候性能。

5. 天然石状涂料

天然石状涂料又称天然真石漆，属水溶性无机高分子涂料。它是以无机高分子系材料，如碱金属硅酸盐或硅溶胶为基础制成的，可以在任何基面上使用，具有逼真的天然石材表现效果。阻燃、抗紫外线、耐久、耐候、防水、防腐蚀、抗风化和抗污染等性能优良，无毒、无味、施工容易、工期短，其表面肌理自然粗犷，颜色多样且稳定。它的应用，如同把室外自然景观引入室内，或为创意设计加强和点缀某种视觉艺术效果而发挥重要的作用。

第七节　纤维织物

在室内设计中，如果单以木材、玻璃、金属、陶瓷、石材等硬质材料进行表现，往往会让人感到生硬和冷漠，而软质材料具有柔化空间的作用，便室内空间环境变得柔和、亲切和温暖。软质材料所具有的丰富的色彩、优美的图案造型增强了室内环境的艺术感染力，赋予室内设计更多更新的内涵。在与硬质材料相互结合的表现中，共同形成一个对比与和谐的空间环境。

现代室内设计更重视对室内生态环境的设计，无论是居住室内空间，还是公共室内空间，天然软质材料的表现越来越发挥其重要的作用。天然软质材料的质地、纹理、色泽和环保性，不仅为室内环境增添意趣，让人们重新体验大自然的美好，而且为室内空间营造安全、轻松、纯朴、高雅、有品位的风格，成为室内与室外空间以及情感的连接物。

图3-79　不同材质的色彩关系会对空间产生重要的影响

一、纤维的基本知识

纺织物是由纺成的具有一定的长度和细度比的纤维纱或线，通过织机按一定的规律交织而成，其性能特点是由纺织纤维的性能和生产加工方式决定的。

纺织物在室内设计中具有吸声、隔音、保温、遮光、吸湿和透气等作用，使室内空间环境具有柔和、亲切和温暖之感。它广泛应用于门窗帘、地面地毯、壁面和家具软包，床上用品、装饰壁挂等。

纺织纤维是用来纺纱织布的纤维。它具有一定的长度、细度、弹性、强力等良好的物理性能和较好的化学稳定性。常用纺织纤维分为天然纤维和化学纤维两大类。异形纤维是在这两种纤维的基础上发展起来的，其性能更加优良。

1. 天然纤维

天然纤维来自于自然界，如植物纤维有棉、麻、树纤维；动物纤维有羊毛、驼毛、牦牛毛及蚕丝纤维等。

随着科学技术的发展，天然的纺织纤维性能不断得到改善和提高，而且，现代室内设计对材料的环保要求，便天然纤维织物更广泛地得到利用。

2. 化学纤维

化学纤维是利用天然的高分子物质或合成的高分子物质，经过化学工艺加工而取得的纺织纤维总称。

化学纤维又分为人造纤维和合成纤维两大类。

（1）人造纤维

人造纤维是化学纤维中生产历史最早的品种。它是利用含有纤维素或蛋白质的天然高分子物质如木材、稻草、麦秆、竹子、蔗渣、芦苇、大豆、乳酪等为原料，经化学和机械加工而成。

（2）合成纤维

合成纤维是采用石油化工工业和炼焦工业中的副产品，如苯、苯酚、乙烯、乙炔等原料，经过化学有机合成的加工方法制成的各种纤维，其品种有六大纶，即涤纶、棉纶、晴纶、维纶、丙纶、氯纶。

常用的合成纤维：

①聚酯纤维（涤纶）

涤纶耐磨性能好，略比锦纶差，是棉花的2倍，羊毛的3倍，在湿润状态同干燥时一样耐磨，它耐热、耐晒、不发霉、不怕虫蛀，但涤纶染色较困难。清洁制品时，使用清洁剂要小心，以免颜色退浅。

②聚酰胺纤维（锦纶）

锦纶旧称尼龙，耐磨性能好，在所有纤维中，它的耐磨性最好，比羊毛高20倍，比粘胶纤维高50倍。不怕虫蛀，不怕腐蚀，不发霉，吸湿性能低，易于清洗。缺点是弹性差，易吸尘，易变形，遇火易局部熔融，在干热环境下易产生静电，与80%的羊毛混合后其性能可获得较为明显朗改善。

图3-80 光、色彩、质感、肌理等元素也是呈现材料之美的关键

③聚丙烯纤维（丙纶）

丙纶具有强力高、质地轻、弹性好、不霉不蛀、易于清洗、耐磨性好等优点，且原料来源丰富，生产过程也较其他合成纤维简单，生产成本较低。

④聚丙烯腈纤维（腈纶）

腈纶纤维，篷松卷曲，柔软保暖，弹性好，在低伸长范围内弹性回复能力接近羊毛，强度相当于羊毛的2~3倍，且不受湿度影响，腈纶不霉、不蛀，耐酸碱腐蚀，最突出的特点为非常耐晒，如果把各种纤维放在室外曝晒1年，腈纶的强力只降低20%，棉花则降低90%，其他纤维（如蚕丝、羊毛、锦纶、粘胶）强力完全丧失干净，但腈纶的耐磨性在合成纤维中是较差。

⑤异形纤维

异形纤维是从纤维截面形态的生产和加工方式而言的。初始生产出的合成纤维，横截面的形状都是圆形实芯的，在受天然纤维不规则、中间有空腔的截面形态的启发下而研制出各种横截面的纤维，如三角形、三叶形、四叶形、多叶形、多边形、扁平形、中空形、豆形、H形、T形、V形等。

异形纤维不仅改善和提高了化纤织物的耐磨性、保暖性、吸湿性、透气性等物理性能，而且因为纤维截面具有多种形态，使纺织纤维织物的表面呈现出不同的质感和光泽效果，从而使纺织物在室内设计中具有更加丰富的、艺术的表现力。

⑥玻璃纤维

玻璃纤维是由熔融玻璃制成的一种纤维材料，直径数微米至数十微米。玻璃纤维性脆，较易折断，不耐磨，但抗拉强度高，伸长率小，吸湿性小，不燃，耐高温，耐腐蚀，吸声性能好，可纺织加工成各种布料、带料等，或织成印花墙布。

构成纺织物的纺织纤维必须具有如下性能：

①具有一定的机械性能，能承受一定限度的拉力、扭弯、摩擦等外力的作用。

②具有一定的细度和长度及抱合力。纤维愈细，面料愈薄，质地细洁，手感柔软，纤维愈长，面料愈光洁平整，耐磨性强，纤维短而粗，面料质地粗犷，手感硬挺。

③具有一定的弹性和可塑性。纤维的弹性作用不仅使织物具有柔软舒适感，而且在一定的程度上抵抗形变、增强耐磨性，以及在拉伸

图3-81 地毯不同场景的运用效果

后又能回弹，从而不影响外观效果，如用于墙面软包和沙发的面料。

④具有一定的隔热性能。

⑤具有一定的吸湿性和通透性。纤维的吸湿性就是纤维在空气中吸收水分或放出水分的能力。吸湿性的强弱与纤维分子中含亲水性结构的多少和纤维分子间排列空隙的大小有关，因而纺织物在室内设计的表现中具有调节湿度的作用。由于纤维有许多气孔，因而用于壁面、家具或窗帘的纺织物具有舒畅透气和凉爽感。

⑥具有一定的化学稳定性。纺织物在实际的应用中，要与人体汗脂、二氧化碳等接触，要经受阳光的照射和水、碱的洗涤等，这都需要纺织纤维具有相对的化学稳定性，即包括高温稳定性、抵抗化学物质和有机溶剂的能力。

二、墙面装饰织物

在室内设计中，墙纸（布）是表现面积较大的软质材料。它有着独特的质地和肌理感受，色泽丰富，图案变化多样，施工简洁。并具有更多的优良性能，如防潮、防霉、抗静电、防虫、消毒、杀菌、调温、阻燃等，新型墙纸（布）更加注重环保性与安全性。

墙纸的分类是按所含纤维物质和生产加工方法的不同进行分类的。如：纸基墙纸、纸基涂塑墙纸、无纺墙布、天然纤维墙纸等。

1. 天然纤维墙纸（布）

天然纤维墙纸是以棉、毛、麻、丝及麦秆、蒲草、芦苇等天然纤维为原料，纺织成织物后，经过一系列的去湿着色处理，再复合到纸基层上。

（1）羊毛纤维墙纸

羊毛纤维墙纸是由加入羊毛纤维纸张经机械压花而成。其纹理呈规则的几何状，粗犷、美丽，色泽自然，触感柔软，也可根据设计要求在墙纸上粉刷彩色涂料。既散发着自然的气息，又体现出雍容华贵的风格特点，并具有良好的抗拉强度、吸音效果和透气性，无毒、无味，是极好的环保型壁纸。

（2）纸基墙纸（纸面纸基墙纸）

传统的纸基墙纸即在纸基面层上印图案或压花而成。这种墙纸价格低廉，但性能较差，不耐水，不能擦洗。现代的纸基墙纸通过在纸基面上涂布高分子乳液后，再进行印花、压花工艺，从而大大地提高了防水、耐磨、耐擦洗等性能。它广泛地用于居室、办公室、会议室、餐厅等墙面、顶面和柱面。

图3-82 普通材料的使用让整个空间充满自然情趣

乌克兰西餐厅的纤维织物装饰

复合纸基墙纸采用双层纸（表纸和底纸），通过施胶、层压复合后，再经印刷、压花、涂布等工艺制成，表面图案具有立体感，其性能更为优良。

（3）麻草壁纸

麻草壁纸是以纸为基底，以编织的麻草为面层，经复合加工而制成的墙面装饰材料。麻草壁纸具有吸声、阻燃、散潮气、不吸尘、不变形等特点，并且具有古朴、自然、粗犷的自然之美，给人以置身原野、回归自然的感觉。它适用于会议室、影剧院、接待室、酒吧、舞厅以及饭店、宾馆的客房等室内的墙面装饰，也可用于商店的橱窗设计。

2. 纺织纤维墙布

纺织纤维墙布以棉、毛、麻、丝等天然纤维及化学纤维为原料，经纺织成织物或制成各种色泽花式的粗细纱后，再与纸基复合而成。

纺织纤维墙布不仅具有吸音、透气、调湿、防霉、无毒等特性，而且其纱地或织物纹理创造了良好的视觉效果，特别是天然纤维以其丰富而素雅的质感美形成了独特自然的装饰效果，而且更具环保性。

（1）天然纺织纤维墙布

①锦缎墙布

锦缎墙布是一种高档壁面丝织物贴面材料，采用丝纤维织物与基层纸贴合而成，质地纤细，精致高雅，花纹图案绚丽多彩，给室内环境创造一种优雅华贵的视觉效果。但造价昂贵，不耐擦洗，适用于高档星级宾馆、接待室、会议室、办公室、居室等壁面。

图3-83 布艺形成的简洁造型

②纯棉质墙布

纯棉质墙布是以棉纤维纺织而成的棉平布与纸基贴合，并经过印花、涂层而成。具有强度大、静电小、吸音、无毒、无味等特点，通过阻燃处理，成为安全与环保型的现代壁面贴面材料，应用于高档宾馆、酒店、办公楼、居室等壁面。

（2）化纤（多纶）墙布

化纤墙布是以化纤织物作基材，经过一定的工艺处理后，印上各种花色图案而成，具有耐磨、透气、防潮、无毒、无味、无分层等特点。

三、地毯

地毯现已成为现代建筑室内地面的重要装饰材料之一，它不仅具有实用价值而是具有欣赏价值；并且能起到很好的隔热、保温及隔声作用，还能防止滑倒，减轻碰撞，使人脚感舒适，并能以其持有的质感和艺术风格，创造出其他材料难以达到的装饰效果，使室内环境气氛显得高贵华丽、美观悦目。

1. 地毯的分类

（1）按地毯的生产形态类

按地毯的生产形态分为簇绒地毯、纺织地毯和无纺地毯。

①簇绒地毯

用大型机器进行大针密度作业，将整束纤维织成毛圈，牢固地织入衬底上。在一次作业过程中，往往用上成千个插针簇绒法，这一方法是现今制造地毯最经济的生产方法之一，其生产的款式甚多，且价格便宜。

图3-84 地毯的纹饰具有强烈的文化气息

②纺织地毯

纺织地毯是以纬纱与经纱相交织而成的地毯。可生产出复杂而美丽的花纹图案，但价格昂贵。

③无纺地毯

无纺地毯是以天然或化学纤维为原料，不经过纺纱、机织制成，而是通过成网机构制成均匀一致的纤维网，再用黏合、编缝、热融等方法加固制成。

（2）按地毯的表面形态分类

①环织式地毯

环织式地毯是以连续的绒环逐一织成。毯毛高度一致，表观平滑，结实耐用，稳重，便于清洁，适用于踩踏频繁的区域，如宾馆、

图3-85 金色墙面使材料语言更具象征意义

图3-86 办公室的地毯铺设效果

餐厅、写字楼会议室及居室地面铺设。

②环织式高低针地毯

环织式高低针地毯的绒环高度不一致且富有变化的隐形立体图案效果，给人以轻松、自然的感觉。

③平裁式地毯

平裁式地毯是以单向嵌插的方式制成。有割绒地毯、硬旋式地毯，如鹅绒、丝绒地毯。

割绒地毯：剪去毛圈顶部，毛圈即成绒束，表面整齐。按其表面绒毛的长短又分长绒毛型地毯和短绒毛型地毯，长绒毛型地毯适用于踩踏频率较低的地面，短绒毛式地毯较长毛绒式地毯耐磨，但仍要铺装在踩踏频率不高的地方，割绒地毯厚重柔软，脚感舒适。

硬旋式地毯：硬旋式地毯是将地毯的绒线轻微地旋在一起，从而纹理紧密，耐磨性强。

④平裁与环织混合式地毯

平裁与环织混合式地毯是以平裁与环织式绒毛组合制成，富有立体感的浅浮雕式的毯面效果。

（3）按地毯原材料分类

地毯按原材料分为天然材质地毯、化纤地毯、混纺地毯。

①天然材质地毯

以动物纤维（如羊毛、兔毛、蚕丝）和植物纤维（如麻、椰丝、灯芯草等）为原料制成的地毯。这类地毯具有绿色环保性质。

纯棉地毯。纯棉地毯一是以棉质边角碎料为原料，经过加工编制而成。其质地粗放，但非常软柔、舒适、丰厚、耐磨，价格便宜，是既环保又节约资源的地面材料；二是以优质纯棉绒线为原料，采用手工梭织而成，其绒面丰厚、粗放，且柔软舒适，色泽朴素（以单色为主），优雅华贵，适用于较高档的室内地面铺设。

纯羊毛地毯。天然材质地毯主要以羊毛地毯为主，纯羊毛地毯多以手工编制而成，其质地厚实，柔软舒适，经久耐用，无静电作用，回弹性好，吸音，保暖，经化学处理后，防潮、防蛀、阻燃，色彩雅致、图案优美，装饰效果极佳。羊毛地毯广泛用于高档宾馆、会议室、写字楼及居室等地面。在羊毛纤维中掺入10%~15%的化学纤维（如锦纶），地毯的性能大大提高。

羊毛地毯应避免用于踩踏频繁的地面，而适用于高档次的宾馆客房、会议室、贵宾接待室、写字楼和居室地面。

丝毯。丝毯是以优质桑绢丝为原料，采用精良的手工织做而成，蚕丝丝支纤细、光洁柔软，富有弹性，耐磨耐拉，能吸潮。蚕丝既能织成轻凉透明的薄纱，也能织成温厚柔软的丝绒地毯，丝纤维织成的地毯，柔软滑爽，经久耐磨，毯面光泽朋亮，高雅富贵，图案精美华丽，素有"软黄金"之誉。丝毯价格昂贵，适用于高档次的室内表现，用作艺术挂毯，装点空间界面，体现其观赏的价值；用作地面块毯，虚拟地分隔空间。

丝毯绒毛有顺向倾斜，会因为光照方向的不同而绒面色彩的明度和光泽明显地发生变化。顺向光照时，绒面色彩淡雅，光泽明亮；逆向光照时，绒面色彩灰暗，光泽深沉。

椰丝纤维地毯。椰丝纤维地毯是由椰子中纤细多刺的纤维制成。其质地粗犷，色泽自然、纯朴，价格低廉，适用于走廊、楼梯和门前脚垫。

灯芯草地毯。灯芯草地毯由灯芯草茎手工编织而成，可用于室内整体铺设，也可用作局部铺毯，适用于居室、茶室或具有风情的餐馆包房。

②化纤地毯

化纤地毯是由面层织物和背衬复合构成的。面层织物是以尼龙纤维（锦纶）、聚丙烯纤维（丙纶）、聚丙烯腈纶纤维（腈纶）、聚酯纤维（涤纶）等化学纤维为原料，经过机织法、针织法、簇绒法和印染等加工而成。其构造分卷式和块状，卷式化纤地毯面层为化纤织物，背衬采用人造黄麻与粘胶（乳胶）结合制成；状化纤地毯背衬采用加工后的块状橡胶。化纤地毯通常都具有易燃和静电大的缺点，但经过特殊的加工处理，如添加阻燃剂后，可以防火阻燃；在所有地毯中均有特别导电性纤维，去除静电传导，达到抗静电作用。化纤地毯以尼龙和聚丙烯地毯较为常见，而且用途广泛。

图3-87 织物在家居中具有亲和感

家居中的地毯-1

2．地毯的选择

（1）材质

鉴别地毯的材质，可采用直接感官法和抽线燃烧法。

（2）品质

地毯的品质不仅由材质和生产工艺决定，而且与地毯绒头的密度与绒头的黏结力、背衬黏结强度和地毯的耐光色牢度等有着密切的关系。地毯的毛绒越密越厚，单位面积质量投料多，耐磨性强，否则组织结构疏松，耐磨性差，绒头黏结力和背衬黏结强力好，地毯毯体和底基布不易脱落，地毯的耐光色牢度好，受阳光照射时，较难褪色或变色。但尽管地毯耐光色牢度好，也要避免长时间受阳光照射。

（3）规格

通常国产卷材地毯的幅宽为3.3m和4m，进口地毯的幅宽为3.66m；拼块地毯的规格为500mm×500mm（带防水地垫），工艺块毯的规格为3000mm×2500mm、2480mm×1700mm、1280mm×480mm、1400mm×980mm等。

（4）色彩与图案

地毯色彩的深与浅、冷与暖、单一与丰富会产生不同的表现效果。深色具有庄重、收敛感且耐污，适于大面积或踩踏频繁的地面，如高档会议室、办公室、宾馆走道、餐厅等，浅色具有明快和洁净感，适用于小面积或踩踏频率小的地面，如高档宾馆客房、微机房、居室卧室等；冷色营造冷静、安详的氛围，适用于阳光充足的室内地面；暖色则显得柔和、温煦，适合于餐厅、卧室等。单一的色彩适用于安静、稳重的办公室、会议室和书房；色彩丰富的地毯则用于热闹的娱乐场所，如歌舞厅、卡拉OK厅等。图案明显、对比强烈的地毯常铺在气氛感强且面积大的餐厅和娱乐厅，而图案含蓄、对比弱的地毯，则适合安静且空间小的地面铺设。

家居中的地毯-2

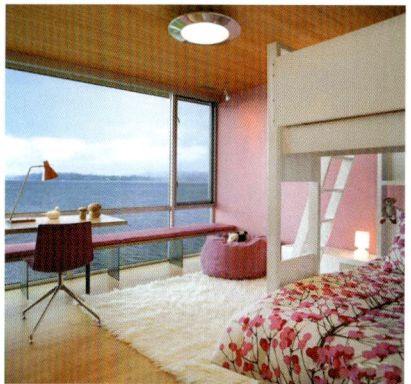
家居中的地毯-3

第八节　石膏

一、石膏基本知识及装饰制品

石膏是一种气硬性胶凝材料，只能在空气中凝结硬化，并在空气中保持和发展其强度。装饰工程用石膏，主要有建筑石膏、模型石膏、高强石膏、粉刷石膏等。石膏装饰制品主要有装饰板、装饰吸声板、装饰线角、花饰、装饰浮雕壁画、画框、挂饰及建筑艺术

图3-88 轻钢龙骨石膏板的安装

造型等。

1. 装饰石膏板

装饰石膏板——以建筑石膏为主要原料，掺入适量纤维增强材料和外加剂，与水一起搅拌成均匀的料浆，经浇注成型，干燥而成的不带护面纸的板材。所用的纤维材料有玻璃纤维，为了增加板的强度，也可附加长纤维或用玻璃长纤维捻成绳，在石膏板成型过程中，呈网格方式布置在板内。装饰石膏板是一种具有良好防火性能和隔声性能的吊顶板材，这种板材密度适中，强度较高，施工简便、快捷。板面可制成平面型的，也可制成有浮雕图案的，以及带有小孔洞的装饰石膏板。

装饰石膏板按其正面形状和防潮性能的不同分类。

装饰石膏板为正方形，其棱角断面形式有直角型和倒角型两种。板材的规格为500×500×9、600×600×11（mm）。板材的厚度指不包括棱边倒角、孔洞和浮雕图案在内的板材正面和背面间的垂直距离；直角偏离度是指板材相邻两棱边偏离直角的程度，以两对角线的差值来表示。装饰石膏板技术要求正面不应有影响装饰效果的气孔、污痕、裂纹、缺角、色彩不均和图案不完整等缺陷。

装饰石膏板表面洁白，花纹图案丰富，孔板和浮雕还具有较强的立体感。质地细腻，给人以清新柔和之感，并兼有轻质、保温、吸声、防火、防燃，还能调节室内温度等特点：

装饰石膏板可用于宾馆、商场、餐厅、礼堂、音乐厅、影剧院、会议室、医院、候机室、幼儿园、住宅等建筑的墙面和吊顶装饰。对湿度较大的环境应使用防潮板。

2. 嵌装式装饰石膏板

嵌装式装饰石膏板以建筑石膏为主要原料，掺入适量的纤维增强材料和外加剂，与水一起搅拌成均匀的料浆，经浇注成型、干燥而成的不带护面纸的、板材背面四周加厚并带有嵌装企口的石膏板。它的正面可为平面、带孔或带浮雕图案，既适用于嵌装式装饰石膏板，也适用于以穿孔吸声石膏板。

嵌装式吸声石膏板以带有一定数量穿透孔洞的嵌装式装饰石膏板为面板，在背面复合吸声材料，使其具有一定吸声特性的板材。

这两种石膏板常与T型铝合金龙骨配套用于吊顶工程，嵌装式石膏板为正方形，其棱边断面形式有直角型和倒角型。板材正面有平面和多种具有立体感几何纹理和图案。规格为：边长600×600、

情感化的室内设计-1

600×300、600×1200、900×450、边厚大于28（mm）；边长500×500、边厚大于25（mm）。嵌装式装饰石膏板单位面积质量的平均值应不大于16.0kg/m²，单个最大值应不大于18.0kg/m²。正面不得有影响装饰效果的气孔、污痕、裂纹、缺角、色彩不均和图案不完整等缺陷。

嵌装式装饰石膏板的性能与装饰石膏板的性能相同。此外它也具有各种色彩、浮雕图案、不同孔洞形式（圆、椭圆、二角形等）及其不同的排列形式。嵌装式装饰吸声石膏板主要用于吸声要求高的建筑物装饰，如音乐厅、礼堂、影剧院、播演室、录音室等。

3. 普通纸面石膏板

普通纸面石膏板以建筑石膏为主要原料，掺入纤维和外加剂构成芯材，并与护面纸牢固结合在一起的建筑板材。

护面纸板主要起到提高板材抗弯、抗冲击的作用。

有纸覆盖的纵向边称为棱边，垂直棱边的切割边称为端头，护面纸边部无搭接的板面称为正面，护面纸边部有搭接的板画称为背面，平行于棱边的板的尺寸为长度，垂直于棱边的板的尺寸称为宽度，板材正面和背面间的垂直距离称为厚度。

普通纸面石膏板根据棱边的形状分为矩形（PJ）、45℃倒角形（PD）、楔形（PC）、半圆形（PB）、圆形（PY）。普通纸面石膏板的规格尺寸：长度为1800、2100、2400、2700、3000、3300和3600（mm），宽度为900和1200（mm），厚度为9、12、15和18（mm），也可按需生产。

普通纸面石膏板具有质轻、抗弯和抗冲击性强、保温、防火、吸声、收缩率小的性能，可锯、可钉、可钻，并可用钉子、螺栓和以石膏为基材的胶粘剂或其他胶粘剂粘结，施工简便，与钢龙骨配合使用时，可作为A级不燃性装饰材料使用；普通纸面石膏板耐水性差，受潮后强度明显下降，并会产生较大变形或较大的挠度，板材的耐火极限一般为5min~15min；普通纸面石膏板的表观密度为800kg/m³–950kg/m³；导热系数为0.193W/（m·K）；双层隔声性能较好，可减少35.5dB；它的强度比石膏装饰板高；强度与板厚有关，纸面石膏板尺寸规范、表面平整，还可以调节室内湿度。

普通纸面石膏板主要适用于室内隔断和吊顶。普通纸面石膏板仅适用于干燥环境适于厨房、卫生间，以及空气相对湿度大于70%的潮湿环境。

情感化的室内设计-2

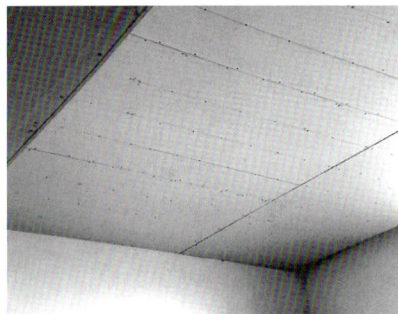
图3-89 普通纸面石膏板在工程中的拼接使用

图3-90 石膏板在家居装饰中的应用

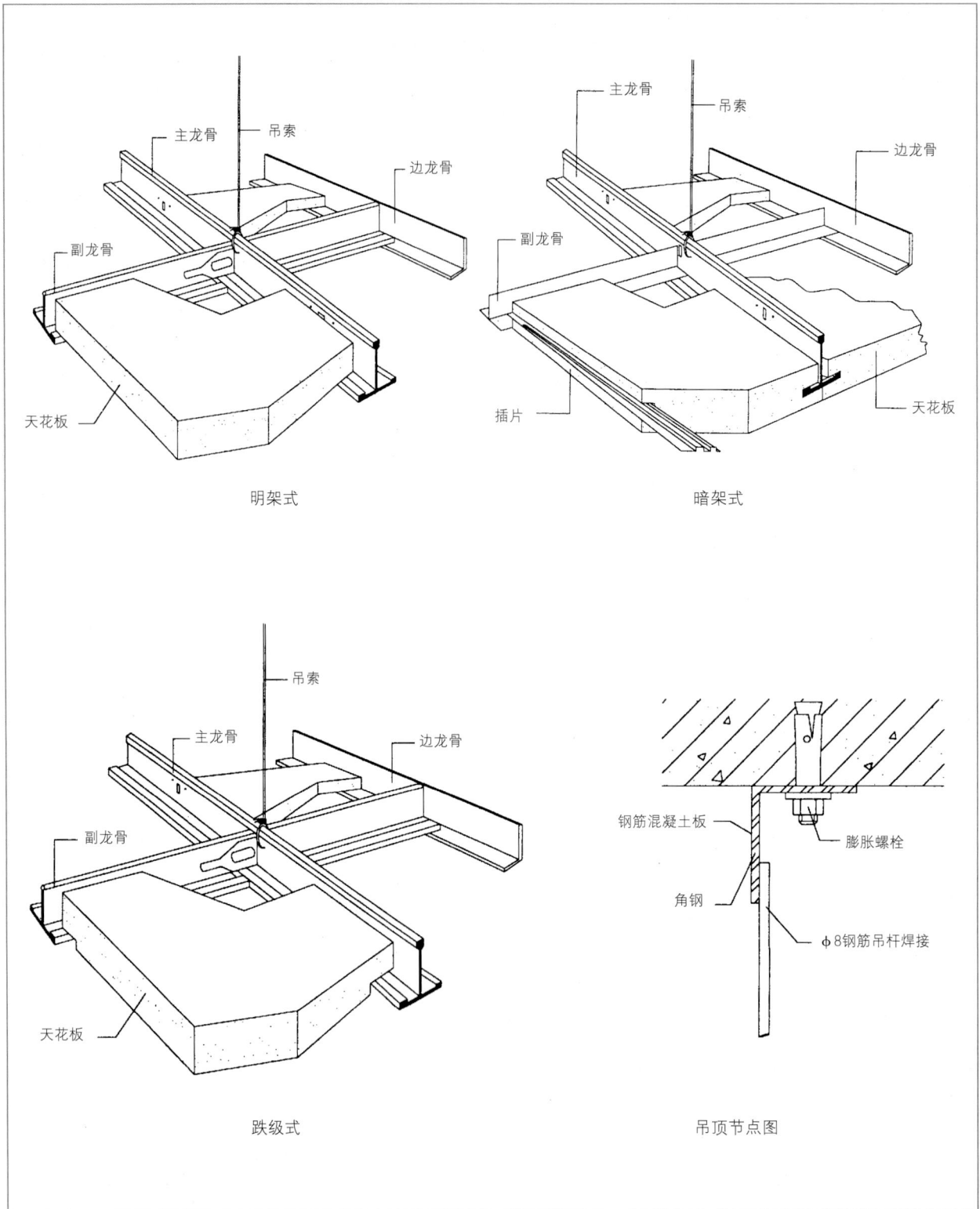

明架式

暗架式

跌级式

吊顶节点图

图3-91 龙骨石膏板天花吊顶组合方式

普通纸面石膏板做装饰材料时须进行饰面处理，才能获得理想的装饰效果，如喷涂、辊涂或刷涂装饰涂料，裱糊壁纸，镶贴各种类型的玻璃片、金属抛光板、复合塑料镜片等。

普通纸面石膏板与轻钢龙骨构成的墙体体系为轻钢龙骨石膏板体系（简称QST）。其构造主要有两层板墙和四层板墙；前者适用于分室墙，后者适用于分户墙。该体系的自重仅为30kg/m²~50kg/m²，墙体内的空腔还可方便管道、电线等的埋设，此外该体系还具有普通纸面石育板的各种优点。

4. 吸声用穿孔石膏板

吸声用穿孔石膏板，是指以穿孔的装饰石膏板或纸面石膏板为基础板材，与吸声材料组合或背覆透气性材料组合而成的石膏板。

吸声用穿孔石膏板为正方形，边长为500mm和600mm，厚度为9mm和12mm。

吸声用穿孔石膏板不应有影响使用和装饰效果的缺陷，对以纸面石膏板为基板的板材不应有破损、划伤、污痕、纸面剥落；对以装饰石膏板为基板的板材不应有裂纹、污痕、气孔、缺角、色彩不均匀等缺陷。

吸声用穿孔石膏板具有较高吸声性能，由它构成的吸声结构按板后有背覆材料、吸声材料及空气间层的厚度，其平均吸声系数可达0.11~0.65。以装饰石膏板为基板的还具有装饰石膏板的各种优良性能。以防潮、耐水和耐火石膏板为基材的还具有较好的防潮性、耐水性和遇火稳定性。吸声用穿孔板的抗弯、抗冲击性能及抗断裂荷载较基板低，使用时应予以注意。

吸声用穿孔石膏板主要用于音乐厅、影剧院、演播室、会议室以及其他对音质要求高的或对噪声限制较严的场所，作为吊顶、墙面等的吸声装饰材料。使用时可根据建筑物的用途或功能及室内湿度的大小，来选择不同的基板，如干燥环境可选用普通基板，相对湿度大于70％的潮湿环境应选用防潮基板或耐水基板，重要建筑或防火等级要求高的建筑应选用耐火基板。表面不再进行装饰处理的，其基板应为装饰石膏板；需进一步进行饰面处理的，其基板可选用纸面石膏板。

二、其他石膏制品

1. 特种耐火石膏板

是以建筑石膏为芯材，内掺多种添加剂，板面上复合专用玻璃纤

图3-92 石膏板造型效果

维毡生产工艺与纸面石膏板相似。

特种耐火石膏板按燃烧属于A级建筑材料。板的自重略小于普通纸面石膏板。板面可丝网印刷、压滚印花，板面上有直径1.5~2.0的透孔，吸声系数为0.34。适用于防火等级要求高的建筑物吊顶、墙面、隔断等的装饰材料。

2. 防水石膏板

生产过程中在板芯加入有机硅防水剂和对护面纸特殊耐水处理，载体使用聚乙烯醇使护面纸与芯材的黏结强度增加，从而在板材的表面和内部形成大量朝外的憎水型分子结构使板材具有防水能力，吸水率在5%左右。主要作用是防潮湿不宜防水，也不可直接浸泡或暴露潮湿环境中，适用于湿度大且空气流通好的卫浴、厨房等隔断，使用时必须与水隔开，表面需防水处理和粘贴瓷砖。

3. 艺术石有浮雕装饰制品

石膏浮雕装饰制品。具有造型生动、立体感强，无毒、防潮、阻燃等特点。不同层次浮雕装饰制品的图案自成体系，但又可以相互呼应与衬托，使整个室内顶面呈现出较好的造型。若再喷涂上相应的色彩，则装饰效果更佳，适宜会议室、餐厅、酒吧等公共建筑用，及民用住宅室内顶棚的装饰。艺术石膏浮雕装饰制品有装饰石膏线角、石膏造型、石膏壁画、艺术顶棚和石膏艺术廊柱等。

思考题：

1. 简述木材的分类方式。

2. 人造板材主要品种有哪些？同时具有哪些特点？

3. 实木地板的铺设和保养要注意哪些方面？

4. 常用岩石的有几种分类方式？

5. 大理石和花岗岩有什么不同之处？

6. 文化石有什么种类和特点？

7. 金属材料的如何分类并且有何特性？

8. 请简述铝及铝合金的种类和用途。

9. 陶瓷面砖的成型方法有几种方式以及各自有什么特点？

10. 陶瓷饰面砖的有哪些规格，各自有什么特点？

11. 建筑玻璃按不同性质可分为几类？

12. 请简述平板玻璃的分类和性能要求。

13. 新型节能装饰型玻璃有何技术特点？

商业体验厅的设计-1

商业体验厅的设计-2

商业体验厅的设计-3

商业体验厅的设计-4

14. 涂料如何分类？建筑涂料有什么基本功能？

15. 乳胶漆有怎样的特点？常见乳胶漆有哪些品种？各自有什么性质？

16. 防霉涂料有哪些性能特点？

17. 常用的合成纤维有哪些品种？各自有什么特点？

18. 请简述天然纤维墙纸的分类和应用。

19. 请按原材料给地毯进行分类并简述各自性质。

20. 装饰石膏板有什么主要特点，可以在哪种场合适用？

21. 浮雕装饰制品有什么特点？如何使用？

4

装饰工艺构造及施工规范

大理石（花岗石）地面

磁砖地面

木地板地面

地面地毯铺设

磁砖墙面

木材表面油漆涂饰

混凝土及抹灰面刷乳胶漆

裱糊壁纸

轻钢骨架石膏顶棚

玻璃隔墙安装

壁柜、吊柜及固定家具安装

卫生洁具安装

开关、插座、面板、灯具安装

第四章 装饰工艺构造及施工规范

本章节从装饰实务出发，依照装修工程施工规范为实例，对工程主要十三项施工工艺进行详细说明。

第一节 大理石（花岗石）地面

一、施工准备

1. 材料

（1）大理石块、花岗石块（由大理石厂加工的成品）的品种、规格、质量应符合设计和施工规范要求。

（2）水泥：32.5号普通硅酸盐水泥或矿渣硅酸盐水泥，并准备适量擦缝用白水泥。

（3）砂：中砂或粗砂。

2. 作业条件

（1）大理石板块（花岗石板块）进场后应堆放在室内，侧立堆放，底下应加垫木方。并详细核对品种、规格、数量、质量等是否符合设计要求，有裂纹、缺棱掉角的不得使用。

（2）设加工棚，安装好台钻、云石切割机及砂轮锯，并接通水电源。需要切割钻孔的板，在安装前加工好。

（3）室内抹灰、水电设备管线等均已完成。

（4）房内四周墙上弹好+50cm水平线。

（5）施工前应放出铺设大理石地面的施工大样图。

二、操作工艺

1. 熟悉图纸

以施工图和加工单为依据，熟悉了解各部位尺寸和做法，弄清洞口、边角等部位之间关系。

2. 试拼

在正式铺设前，对每一房间的大理石（或花岗石）板块，应按图案、颜色、纹理试拼，试拼后按两个方向编号排列，然后按编号放整齐。

3. 弹线

在房间的主要部位弹出互相垂直的控制十字线，用以检查和控制大理石板块的位置，十字线可以弹在混凝土垫层上，并引至墙面底部。

4. 试排

在房内的两个相互垂直的方向，铺两条干砂，其宽度大于板块，厚度不小于3cm。根据图纸要求把大理石板块排好，以便检查板块之间的缝隙，核对板块与墙面、柱、洞口等的相对位置。

5. 基层自理

在铺砌大理石板之前将混凝土垫层清扫干净（包括试排用的干砂及大理石块），然后洒水湿润，扫一遍素水泥浆。

6. 铺砂浆

根据水平线，定出地面找平层厚度，拉十字线，铺找平层水泥砂浆，找平层一般采用1:3的干硬性水泥砂浆，干硬程度以手捏成团不松散为宜。砂浆从里往门口处摊铺，铺好后刮大杠、拍实，用抹子找平，其厚度适当高出根据水平线定的找平层厚度。

7. 铺大理石块

一般房间应先里后外进行铺设，即先从远离门口的一边开始，按照试拼编号，依次铺砌，逐步退至门口。铺前将板块预先浸湿阴干后备用，在铺好的干硬性水泥砂浆上先试铺合适后，翻开石板，在水泥砂浆上浇一层水灰比0.5的素水泥浆，然后正式镶铺。安放时四角同时往下落，用橡皮锤或木锤轻击木垫板（不得用木锤直接敲击大理石板），根据水平线用铁水平尺找平，铺完第一块向两侧和后退方向顺序镶铺，如发现空隙应将石板掀起用砂浆补实再行安装。大理石（或花岗石）板块之间，接缝要严，不留缝隙。

8. 打蜡

当各工序完工不再上人时可打蜡达到光滑洁亮。

9. 贴大理石踢脚板

（1）粘贴法：根据墙抹灰厚度，用1:3水泥砂浆打底找平并在面层划纹，干硬后再把湿润阴干的大理石踢脚板的背面，刮抹一层2mm~3mm厚的素水泥浆（宜加10%左右108胶）后，往底灰上粘贴，并用木锤敲实根据水平线找平找直。24小时后用同色水泥浆擦缝，将余浆擦净，与地面同时打蜡；

（2）灌浆法：在墙两端先各镶贴一块踢脚板，其上楞高度在同一水平线内，出墙厚度应一致。然后沿两块踢脚板上楞拉通线，逐块依顺序安装，随装随时检查踢脚板的平直和垂直。相邻两声之间及踢脚板与地面、墙面之间用石膏稳牢，然后灌1:2稀水泥砂浆，并随时把溢出砂浆擦干净，待灌入的水泥砂浆终凝后，把石膏铲掉，踢脚板的擦缝做法同地面，踢脚线的面层打蜡同地面一起进行，踢脚板之间缝宜与地面大理石板对缝贴。

三、质量标准

1. 主控项目

（1）大理石、花岗石面层所用板块的品种、质量应符合设计要求；

（2）面层与下一层应结合牢固，无空鼓。

2. 一般项目

（1）大理石、花岗石面层的表面应洁净、平整、无磨痕，且应图案清晰、色泽一致、接缝均匀、周边顺直、镶嵌正确、板块无裂纹、掉角、缺楞等缺陷；

（2）踢脚线表面洁净，高度一致，结合牢固，出墙厚度一致；

（3）楼梯踏步和台阶板块的缝隙宽度应一致，齿角整齐，楼层梯段相邻踏步有高度差不应大于10mm，防滑条应顺直、牢固；

（4）面层表面的坡度应符合设计要求，不倒泛水、无积水；与地漏、管道结合处应严密牢固，无渗漏；

（5）大理石和花岗石面层（或碎拼大理石、碎拼花岗石）的允许偏差应符合相关的规定。

第二节　磁砖地面

1. 施工工艺

基层处理、抹底层砂浆、弹线、找规矩、铺砖、拨缝修整、勾缝、养护。

2. 施工方法

（1）基层处理：先将混凝土楼面上的污物等清理干净，如基层有油污，应用10%的火碱水刷洗干净后，用清水冲洗碱液，并认真将板面的凹坑内的污物剔刷干净；

（2）水泥砂浆打底：在清理好的基层上，浇水渗透，并撒素水泥面，用扫帚扫匀；从墙上500mm水平线下返至底灰上皮标高，抹灰饼；房间中每隔一米左右冲筋一道，用1:3水泥砂浆根据冲筋标高，将砂浆摊平、拍实并用小杠刮平，使其所铺设的砂浆与冲筋找平，再用大扛检查其平整度，用木抹子挫平；

（3）找规矩、弹线：从房间纵横两个方向排好尺寸，根据确定好的砖数，在地面上弹出纵横两个方向的控制线，约每隔四块砖弹一条控制线，并严格控制方正和对称；

（4）铺砖：铺设前，地砖应在前一天用水浸泡；铺设时，从门口开始，纵向先铺几行砖，找好规矩（位置及标高），以此为筋，拉线，从里向外退着铺砖，每块砖要跟线。不足整块的应用在边角处；

（5）勾缝：第二天用1:1水泥砂浆勾缝，要求勾缝密实、平滑，余灰清理干净；

（6）养护：完工24小时候后，铺干锯末常温养护，7天后方可上人。

3. 质量标准

（1）主控项目

①面层所有的板块的品种、质量必须符合设计要求；

②面层与下一层的结合（粘结）应牢固，无空鼓。

（2）一般项目

①面层的表面应洁净、图案清晰，色泽一致，接缝平整，深浅一致，周边顺直，板块无裂纹、掉角和缺楞等缺陷；

②面层邻接处的镶边用料及尺寸应符合设计要求，边角整齐、光滑；

③踢脚线表面应洁净、高度一致、结合牢固、出墙厚度一致；

④楼梯踏步和台阶板块的缝隙宽度应一致、齿角整齐，楼层梯段相邻踏步高度不应大于10mm，防滑条顺直；

⑤面层表面的坡度应符合设计要求，不倒泛水、不积水；与地漏、管道结合处应严密牢固，无渗漏；

⑥砖面层的允许偏差应符合相关规定。

第三节　木地板地面

一、施工材料准备

1. 面层材料

（1）材质：按设计要求。

（2）规格：20mm 厚60mm×900mm。

2. 基层材料

（1）50mm×50mm 木龙骨木搁栅垫高层。

（2）18mm厚五夹板做中间层。

二、作业条件

1. 施工程序

先做木地板基层，再安装面层木地板安装。

2. 施工要点

（1）木搁栅的间距不大于450mm。

（2）木地板四周必须留出9mm左右的伸缩缝。

三、面层铺设施工

面层施工主要是包括面层开板条的固定及表面的饰面处理。固定方式以钉接固定为主，即用圆钉将面层板条固定在基层毛地板上。

（1）条形木地板的铺设方向应考虑铺钉方便，固定牢固，使用美观的要求。对于走廊、过道等部位，应顺着行走的方向铺设；而室内房间，宜顺着光线铺钉，对于大多数房间来说，顺着光线铺钉，同行走方向是一致的。（按施工图表示的铺设方向进行铺设）

（2）以墙面一侧开始，将条心木板材心向上逐块排紧铺钉，缝隙不超过1mm，板的接口应在木搁栅上，圆钉的长度为板厚的2.0~2.5倍，硬木板铺钉前应先钻孔，一般孔径为钉径0.7~0.8倍。

（3）用钉固定，在钉法上有明钉和暗钉两种钉法。明钉法，先将钉帽砸扁，将圆钉斜向钉入板内，同一行的钉帽应在同一条直线上，并须将钉帽冲入板3mm~5mm；暗钉法，先将钉帽砸扁，从板边的凹角处，斜向钉入，在铺钉时，钉子要与表面呈一定角度，一般常用45°或60°斜钉入内。

四、施工注意事项

（1）一定要按设计要求施工，选择材料应符合选材标准；

（2）所有木垫块、木搁栅均要做防腐处理，条形木地板底面要全做防腐处理；

（3）木地板靠墙处要留出9mm空隙，以利通风和木地板材料本身的伸缩变形，在地板和踢脚板相交处，如安装封闭木压条，则应在木踢脚板上留通风孔。

五、质量标准

1. 主控项目

（1）实木地板面层所采用的材质和铺设时的木材含水率必须符合设计要求，木搁栅、垫木和毛地板等必须做防腐、防蛀处理；

（2）木搁栅安装应牢固、平直；

（3）面层铺设应牢固；粘结无空鼓；

2. 一般项目

（1）实木地板面层应刨平、磨光，无明显刨痕和毛刺等现象；图案清晰、颜色均匀一致；

（2）面层缝隙应严密；接头位置应错开、表面洁净；

（3）拼花地板接缝应对齐，粘、钉严密；缝隙宽度均匀一致；表面洁净，胶粘无溢胶；

（4）踢脚线表面应光滑，接缝严密，高度一致；

（5）实木地板面层的允许偏差应符合相关规定。

第四节　地面地毯铺设

一、施工准备

（1）地毯：阻燃地毯；

（2）地毯胶粘剂、地毯接缝胶带、麻布条；

（3）地毯木卡条（倒刺板）、铝压条（倒刺板）、锑条、铜压边条；

（4）施工工具：张紧器、裁边机、切割刀、裁剪剪刀、漆刷、熨斗、弹线粉袋、扁铲、锤子等。

二、操作工艺

工艺流程为清理基层、裁剪地毯、钉卡条、压条、接缝处理、铺接工艺、修整、清理。

1. 清理基层

（1）铺设地毯的基层要求具有一定的强度；

（2）基层表面必须平整，无凹坑、麻面、裂缝，并保持清洁干净。若有油污，须用丙酮或松节油擦洗干净，高低不平处应预先用水泥砂浆填嵌平整。

2. 裁剪地毯

（1）根据房间尺寸和形状，用裁边机从长卷上裁下地毯；

（2）每段地毯和长度要比房间长度长约20mm，宽度要以裁出地毯边缘后的尺寸计算，弹线裁剪边缘部分。要注意地毯纹理的铺设方向是否与设计一致。

3. 钉木卡条和门口压条

（1）采用木卡条（倒刺板）固定地毯时，应沿房间四周靠墙脚1cm~2cm处，将卡条固定于基层上；

（2）在门口处，为不使地毯被踢起和边缘受损，达到美观的效果，常用铝合金卡条、锑条固定。卡条、锑条内有倒刺扣牢地毯。锑条的长边与地面固定，待铺上地毯后，将短边打下，紧压住地毯面层；

（3）卡条和压条可用钉条、螺钉、射钉固定在基层上。

4. 接缝处理

（1）地毯是背面接缝。接缝是将地毯翻过来，使两条缝平接，用线缝后，刷白胶，贴上牛皮胶纸。缝线应较结实，针脚不必太密；

（2）胶带粘结法，即先将胶带按地面上的弹线铺好，两端固定，将两侧地毯的边缘压在胶带上，然后用电熨斗在胶带的无胶面上熨烫，使胶质熔解，随着电熨斗的移动，用扁铲在接缝处辗压平实，使之牢固地连在一起；

（3）用电铲修葺地毯接口处正面不齐的绒毛。

5. 铺接工艺

（1）用张紧器或膝撑将地毯在纵横方向逐段推移伸展，使之拉紧，平伏地平，以保证地毯在使用过程中遇至一定的推力而不隆起，张力器底部有许多小刺，可将地毯卡紧而推移，推力应适当，过大易将地毯撕破；过小则推移不平，推移应逐步进行；

（2）用张紧器张紧后，地毯四周应挂在卡条上或铝合金条上固定。

6. 修整、清理

地毯完全铺好后，用搪刀裁去多余部分，并用扁铲交边缘塞入卡条和墙壁之间的缝中，用吸尘器吸去灰尘等。

三、施工注意事项

（1）凡能被雨水淋湿、有地下水侵蚀的地面，特别潮湿的地面，不能铺设地毯；

（2）在墙边的踢脚处以及室内柱子和其他突出物处，地毯的多余部分应剪掉，再精细修整边缘，使之吻合服贴；

（3）地毯拼缝应尽量小，不应使缝线露出，要求在接缝时用张力器将地毯张平服贴后再进行接缝。接缝处要考虑地毯上花纹、图案的衔接，否则会影响装饰质量；

（4）铺完后，地毯应达到毯面平整服贴，图案连续、协调，不显接缝，不易滑动，墙边、门口处连接牢靠，毯面无脏污、损伤。

四、质量标准

1. 主控项目

（1）地毯的品种、规格、颜色、花色、胶料和辅料及其材质必须符合设计要求和国家现行地毯产品标准的规定；

（2）地毯表面应平服，拼缝处粘贴牢固、严密平整、图案吻合。

2. 一般项目

（1）地毯表面不应起鼓、起皱、翘边、卷边、显拼缝、露线和无毛边，绒毛顺光一致，毯面干净，无污染和损伤；

（2）地毯同其他面层连接处、收口处和墙边、柱子周围应顺直、压紧。

第五节　磁砖墙面

1. 施工工艺

磁砖墙面的施工程序是按照基层处理、定位放线、套方、找规矩、贴饼冲筋、抹底灰、弹线、排砖、贴砖、擦缝、清理。

2. 施工方法

（1）基层处理：基层表面的灰砂、污垢和油渍等，应清理干净。如果基层混凝土墙面是光面应凿毛，凸出部分应剔平刷净、凹陷部分和蜂窝麻面外应刷108胶水或界面剂，并用水泥砂浆分层修补找平，浇水湿润；

（2）贴灰饼冲筋：从+500mm基准线检查基层表面的平整度和垂直度，找出控制线及控制尺寸，拉线找方、垂直、方正，根据厚度贴饼冲筋；

（3）铺贴粘结层厚度以3mm~4mm为宜，因而对基层处理和抹灰的质量要求较为严格；

（4）选砖弹线分格：应按设计图案要求的颜色、几何尺寸进行选砖并编号分别存放，便于粘贴时对号入座。根据高度弹出若干水平线，两线之间的砖应为整块数，按设计要求砖的规格确定分格缝宽度。排砖分格时应使横缝与贴脸、窗台相平；应根据墙垛等，首先绘制出细部构造详图，然后按整排砖模数分格，以保证墙面粘贴各部位操作顺利；

（5）粘砖时，一般由下而上进行。整间或电气部位宜一次完成。底层先浇水湿润，在弹好水平线下口支上一根垫尺，并用水平尺找平。擦缝：待粘结水泥凝固后，用素水泥浆找补擦缝。方法是先用橡皮刮板将水泥浆在磁砖表面刮一遍嵌实嵌平缝隙，再擦净砖面。如有浅色磁砖使用白水泥。

3. 质量标准

（1）主控项目

①饰面砖的品种、规格、图案、颜色和性能应符合设计要求；

②饰面砖粘贴工程的找平、防水、粘贴和勾缝材料及施工方法应符合设计要求及国家现行产品标准和工程技术标准的规定；

③面砖粘贴必须牢固；

④满粘法施工的饰面砖工程应无空鼓、裂缝。

（2）一般项目

①饰面砖表面应平整、洁净、色泽一致，无裂痕和缺损；

②阴阳角处搭接方式，非整砖使用部位应符合设计要求；

③墙面突出周围的饰面砖应整砖套割吻合，边缘应整齐。墙裙、贴脸突出墙面的厚度应一致；

④砖接缝应平直、光滑、填嵌应连续、密实，宽度和深度应符合设计要求；

⑤有排水要求的部位应做滴水线（槽），滴水线（槽）应顺直，流水坡向应正确，坡度应符合设计要求；

⑥饰面砖粘贴的允许偏差和检验方法应符合相关规定。

第六节　木材表面油漆涂饰

一、施工工艺

木质表面油漆分混色油漆和清漆。木质表面主要是指门窗、家具、木装修（如墙裙、隔断、挂镜线、顶棚等），一般松木等软材类的木质表面，以采用调合漆或清漆面的普通或中级油漆较多，硬材类的木质表面则多采用漆片、蜡克面的清漆，属于高级油漆。

1. 清油、铅油、调合漆面

（1）施工程序：刷清油、嵌批腻子、刷铅油、刷调合漆；

（2）涂饰方法：为保证质量，每道工序应按如下操作方法进行。

刷清油：清油一般的配合比以1:2.5（熟桐油:松香水）为好。这种清油较稀，能渗透入木材内部，起到防止木材受潮变形、增强防腐的作用，并使后道批的腻子、刷的铅油等能很好地与基层粘结。刷清油要求不宜过厚，薄而均匀。

嵌批腻子：清油干后应即进行嵌批腻子。所有洞眼、裂缝、榫头处以及门心板边上的缝隙也都要嵌批整齐。腻子干后，应用木砂纸打磨，要求表面平整清洁，利于涂刷。打磨后应清扫干净。

刷铅油：可使用刷过清油的油刷操作。要顺木纹刷，不能横刷乱涂，线角处不能刷得过厚，以免产生皱纹。里外分色及裹楞分界线要刷齐直，铅油干后（一般需24小时），用细砂纸轻轻打磨至表面光洁为止，要注意不能磨掉铅油而露木质。磨后要清扫干净，如还有部分需找补腻子时，可用加色腻子找嵌并修补铅油。

刷调合漆：可使用刷过铅油的油刷操作，用新油刷的反而不好，易留刷痕。刷调合漆时，刷行不能过长或过短，如刷毛过长，油漆不易刷匀，容易产生皱纹、流坠现象；刷毛过短，漆膜上会产生刷痕和漏底等缺陷。调合漆的黏度较大，涂饰时要多刷多理，还要注意保持环境卫生，防止污物、灰砂沾污油漆面。

2. 润粉、漆片、硝基清漆面（蜡光面）

（1）施工程序：润粉、嵌腻子、刷理漆片、刷理蜡光、打蜡。

（2）涂饰方法：为了确保质量，各道工序必须按如下方法施工。

润粉：类似腻子有油粉、水粉两种。油粉是用大白粉、颜料、熟桐油、松香水配成，操作方法是用棉纱团蘸油粉来回多次揩擦物面，有棕眼的地方要注意擦黄棕眼。水粉是大白粉、颜料和水胶配成，操作方法与油粉一样，但水粉是用品色颜料配成的。品色颜料着色力较强，操作时要仔细，对细小部位要随涂随擦，大面积处要涂快、涂匀，尤其在接头重叠处勿因涂粉不匀而造成颜色深浅不一。

嵌腻子：通常，做蜡克上光的木质表面质量要求较高，不允许有较多的损坏处，如损坏不多，可在刷过2~3遍漆片后，用大白粉加漆片配成腻子嵌补；如损坏较多，可用加色石膏油腻子嵌补，腻子颜色要与油粉色相同，切忌太深或太浅。嵌腻子力求疤小，干后用细砂纸磨光多余腻子。

刷漆片：这是最关键的一道工序，要达到颜色一致，必须在这道工序中调整。刷漆片前先将漆片溶解。溶解干漆片一般采用的比例是5:1（酒精:干漆片），经过24小时后干漆片才能溶解。使用时，还要用酒精兑稀到适当稠度才可涂刷。两遍漆片干后，用大白粉、漆片调成的腻子找嵌小裂缝及损坏处。腻子干后用砂纸磨平，再刷第3遍漆片。

理漆片：先用白布包棉花蘸漆片，再用手挤出多余漆片，顺木纹揩擦几遍，再在面积较大处打圈揩擦。

刷理腊克：将蜡克用香蕉水稀释，用刷过漆片后洗净排笔涂刷。但应注意蜡克和香蕉水的渗透力都很强,如在一个地方多刷、多揩,容易把底层漆膜泡软而翻起,所以只能刷一个来回而不能多刷。一般刷4~5遍即可。第一遍蜡克可以较稠些,以后的几遍要用2~3倍的香蕉水兑稀的蜡克来涂刷。每遍之间应用旧砂纸轻磨一遍。理平的揩理遍数一般为8~10遍有时更多,根据蜡克的情况而定,做到漆膜丰满,表面平整光滑即可。

打蜡:先上砂蜡。在砂蜡内加入少量煤油,再用干净棉纱或纱布蘸蜡在物面上涂擦。

二、施工注意事项

（1）油漆涂饰前,应将木料表面上的灰尘、污垢等清涂干净,木材表面的缝隙、毛刺、棱角和脂囊修整后,要用腻子填补,并将腻子磨光,较大的脂囊应用木纹相同的材料如胶镶嵌,节疤处应点漆片2~3遍;

（2）溶剂性混色高级油漆做磨退时,宜用醇酸树脂油漆涂饰,并根据涂膜厚度增加1~2遍油漆和磨退、打砂蜡、打油蜡、擦亮的工序;

（3）涂饰门窗扇时,不冒头顶面和下冒头底面不得漏饰油漆;

（4）木地（楼）板涂饰油漆不得不少于3遍。

三、质量标准

1. 主控项目

（1）溶剂型涂料涂饰工程所选用涂料的品种、型号和性能应符合设计要求;

（2）溶剂型涂料涂饰工程的颜色、光泽、图案应符合设计要求;

（3）溶剂型涂料涂饰工程应涂饰均匀、粘贴牢固,不得漏涂、透底、起皮和反锈;

（4）溶剂型涂料涂饰工程的基层处理应符合相关要求。

2. 一般项目

（1）色漆的涂饰质量和检验方法应符合相关规定;

（2）清漆的涂饰质量和检验方法应符合相关规定,涂层与其他装修材料和设备衔接处应吻合,界面应清晰。

第七节　混凝土及抹灰表面刷乳胶漆

一、施工准备

1. 材料

（1）涂料:乙酸乙烯乳漆;

（2）调腻子用料:滑石粉或大白粉,石膏粉,羧甲基纤维素,聚醋酸乙烯乳液;

（3）颜料:各色有机或无机颜料。

2．作业条件

（1）墙面应基本干燥，基层含水率不大于10%；

（2）过墙管道、洞口等处应提前抹灰找平；

（3）门窗安装完毕，地面施工完毕；

（4）环境温度保持在＋5℃以上；

（5）做好样板间并经鉴定合格。

二、操作工艺

1．清理墙面

首先将墙面起皮及松动处清理干净，将灰渣铲干净，然后将墙面扫净；

2．修补墙面

用水石膏将墙面磕碰处及坑洼缝隙等处找平，干燥后用砂纸将凸出处磨掉，将浮尘扫净；

3．刮腻子

刮腻子遍数可由墙面平整程度决定，一般情况下为3遍，腻子重量配比为乳胶：滑石粉：纤维素＝1:5:3.5，第一遍用胶皮刮板竖向满刮，一刮板紧接着一刮板，接头不得留槎，每刮一刮板最后收头要干净利落。干燥后磨砂纸将浮腻子及斑迹磨平磨光，再将墙面清扫干净。第二遍用胶皮刮板竖向满刮，所用材料及方法同第一遍腻子，干燥后砂纸磨平并扫干净。第三遍用胶皮刮板找补腻子或用钢片刮板满刮腻子，将墙面刮平刮光，干燥后用细砂纸磨光磨平，不得将腻子磨穿；

4．刷第一遍乳胶漆

涂刷顺序是先刷顶板后刷墙面，墙面是先上后下。先将墙面清扫干净，用布将墙面粉尘擦掉。乳胶漆用排笔涂刷，使用新排笔时，将活动的排笔毛处理掉。乳胶漆使用前应搅拌均匀，适当加水稀释，防止头遍漆刷不开。干燥后复补腻子，再干燥后用砂纸磨光，清扫干净；

5．刷第二遍乳胶漆

第二遍乳胶漆操作要求同第一遍，使用前充分搅拌，如不很稠，不宜加水或少加水，以防露底，漆膜干燥后，用细砂纸将墙面小疙瘩和排笔毛打磨掉，磨光滑后清扫干净；

6．刷第三遍乳胶漆

第三遍乳胶漆操作要求与第二遍相同。由于乳胶漆干燥较快，应连续迅速操作，涂刷时从一头开始，逐渐刷向另一头，要上下顺刷互相衔接，后一排笔接前一排笔，避免出现干燥后接头。

三、质量标准

1．主控项目

（1）水性涂料涂饰工程所用涂料的品种、型号和性能应符合设计要求；

（2）水性涂料涂饰工程的颜色、图案应符合设计要求；

（3）水性涂料涂饰工程应涂饰均匀、粘贴牢固，不得漏涂、透底、起皮和掉粉；

（4）水性涂料涂饰工程的基层处理应符合相关要求。

2．一般项目

（1）薄涂料的涂饰质量和检验方法应符合相关规定。

（2）厚涂料的涂饰质量和检验方法应符合相关规定。

（3）复层涂料的涂饰质量和检验方法应符合相关规定。涂层与其他装修材料和设备衔接处应吻合，界面应清晰。

第八节　裱糊壁纸

一、施工准备

1．材料

（1）石膏、大白粉、滑石粉、聚醋酸乙烯乳液，羧甲基纤维素，107胶或各种型号的壁纸粘结剂。

（2）壁纸

①塑料壁纸：以纸为底层，聚氯乙烯塑料为面层，经过复合、印花、压花等工序而制成；

②玻璃纤维贴墙布：是中碱性玻璃布，表面涂有耐磨树脂，印有彩色图案而成，室内使用不变色、不老化、防火、防潮性能好；

③无纺贴墙布：采用棉、麻天然纤维或涤晴等合成纤维，经过无纺成型，上树脂，印制彩色花纹而成。

（3）炽结剂、嵌缝腻子、玻璃网格布等，根据基层需要提前备齐。若自配壁纸粘结剂，其配合比为：聚醋酸乙烯乳液：羧甲基纤维素（2.5%溶液）=60:40（粘玻璃纤维墙布）；或108胶水=1:1（用于粘塑料壁纸）。

2．作业条件

（1）设备及小型工具提前备好：裁纸工作台一个，钢板尺（1m长）。壁纸发刀，毛巾，塑料水桶和脸盆，油工刮板，小锅，开刀及毛刷等；

（2）墙面抹灰完成，且经过干燥，含水率不高于8%；

（3）门窗油漆已完成；

（4）水电及设备，顶墙上预留埋置已完；

（5）有水磨石的房间，出光、打蜡已完，并将面层磨平保护好；

（6）墙面清扫干净，如有凹凸不平，缺棱掉角或局部面层损坏者，提前修补好且已干燥，预制混凝土表面提前刮石膏腻子找平；

（7）如房间较高应提前准备好脚手架，房间不高，应提前钉设木凳；

（8）将突出墙面的设备部件等卸下收好，待粘贴完后将其重新装好复原；

（9）易透底的薄型壁纸，粘贴前应先涂刷乳胶漆一道，使其颜色一致；

（10）对施工人员进行技术交底时，应强调技术措施和质量要求，大面积施工前应先做样板间，经鉴定符合要求后方可组织施工。

二、操作工艺

原则上是先裱糊顶棚后铺粘墙面。

1. 基层处理

混凝土墙面根据原基层质量好坏，在清扫净的墙面上满刮1~2道石膏腻子，干后并用砂纸磨平、磨光；若为抹灰墙面，可满刮大白腻子1~2遍找平、磨光，且不可磨破灰皮；石膏板墙用嵌缝腻子将缝堵严，粘贴玻璃网格布或丝绸条、绢条等，然后局部刮腻子补平。

2. 计算用料、弹线

提前计算好顶、墙粘贴壁纸的张数及长度，并弹好第一张顶、墙面壁纸铺贴的位置线。

3. 顶棚壁纸粘贴

（1）清理混凝土顶面，满刮腻子：首先将混凝土顶上的灰渣、浆点、污锈等清刮干净，并用扫帚将粉尘扫净，满刮腻子一道。腻子的体积配比为聚醋乙烯乳液，石膏或滑石粉，2%羧甲基纤维素溶液。腻子干后磨砂纸，满刮第二道腻子并磨平磨光；

（2）裁纸：根据设计要求决定壁纸的粘贴方向，然后裁纸。应按所量尺寸每边留出余量2cm~3cm，如采用塑料壁纸，应在水槽内先浸泡2~3秒拿出，抖去余水，将纸面用净毛巾沾干；

（3）刷胶、糊纸：在纸的背面和顶棚的粘贴部位刷胶，应按壁纸宽度刷胶，宜过宽，铺贴时应从中间开始向两边铺粘。第一张一定要按已弹好的线找直粘牢，应注意纸的两边各甩出1cm~2cm不压死，以满足与第二张铺粘时的拼花压槎对缝的要求。然后依上法粘第二张，两张纸搭接1cm~2cm，用钢板尺比齐，两人将尺按紧，一人用壁纸刀裁切，随即将搭槎处两张条撕去，用刮板带胶将缝隙压实压牢。随后将顶两端阴角处用钢板尺比齐、拉直，用刮板及辊子压实，最后用湿温毛巾将接缝处辊压出的胶痕擦净，依次进行；

（4）修整：壁纸粘贴完成，应检查是否有空鼓不实之处，接槎是否平顺有无翘边现象，胶痕是否擦净，有无小包，表面是否平整，直至符合要求为止。

4. 墙面壁纸的粘贴

墙面基层处理按上面（1）的要求进行，刷胶前应先检查其腻子是否坚实牢固，无起皮和裂缝后方可刷胶裱糊，否则应先将酥皮、开裂刮去，重新补腻子，干后磨平。

（1）裁纸：按已量好的墙体高度放大2cm~3cm 按其尺寸裁纸，一般应在案子上裁割，将裁好的纸用湿温毛巾擦后，折好待用；

（2）刷胶糊纸：应分别在纸上及墙上刷胶，其刷胶宽度应相吻合，墙上刷胶一次不应过宽。糊纸时从墙面阴角开始铺贴第一张，按已画好垂直线吊直，并从上往下用手铺平，刮板刮实，并用小辊子将上、下阴角处压实。第一张粘好留1cm~2cm，然后粘铺第二张，依同法压平、压实，与第一张搭槎1cm~2cm，要自上而下对缝，拼花端正，用刮板刮平钢板尺在第一、第二张搭槎处切割开，将纸边撕去，边槎处带压实。并及时将挤出的胶液用湿温毛巾擦净，然后用同法将接顶。接踢脚的边切割整齐并带胶压实。墙面上遇有电门、插销盒时，应在其位置上破纸做为标记。在裱糊时，阳角不允许甩槎接缝，阴角处必须裁纸搭缝，不允许整张纸铺贴，避免产生空鼓。

（3）花纸拼接

①纸的拼缝处花形要对接拼搭好；

②铺贴时应注意花形用纸的颜色力求一致；

③墙与壁纸的搭接应根据设计要求而定，一般有挂镜线的房间应以挂镜线为界，无挂镜线的房间以弹线为准；

④花形拼接如出现困难，错槎应尽量甩到不显眼的阴角处，大面积不应出现错槎和花形混乱的现象。

（4）修整：糊纸后应认真检查，对墙纸的翘边翘角，气泡，皱折及胶痕擦等应及时处理和修整，使之完善。

三、质量标准

1. 主控项目

（1）壁纸、墙布的种类、规格、图案、颜色和燃烧性能等级必须符合设计要求及国家现行标准的有关规定；

（2）裱糊工程基层处理质量应符合相关要求；

（3）裱糊后各幅度拼接应横平竖直、拼接处花纹、图案应吻合，不离缝、不搭接，不显拼缝；

（4）壁纸、墙布应粘贴牢固，不得有漏贴、补贴、脱层、空鼓和翘边。

2. 一般项目

（1）裱糊后的壁纸、墙布表面应平整，色泽应一致，不得有波纹起伏、气泡、裂缝、皱折及斑污，斜视时应无胶痕；

（2）复合压花壁纸的压痕及发泡壁纸的发泡层应无损坏；

（3）壁纸、墙布与各种装饰线、设备线盒应交接严密；

（4）壁纸、墙布边缘应平直整齐，不得有纸毛、飞刺；

（5）壁纸、墙布阴角处搭接应顺光，阳角处应无接缝。

第九节　轻钢骨架石膏顶棚

一、施工工艺程序

弹线、安装吊杆、安装主龙骨、安装副龙骨、起拱调平、安装石膏板。

二、施工方法

（1）根据图纸先在墙上、柱上弹出顶棚高水平墨线，在顶板上画出吊顶布局，确定吊杆位置并与原预留吊杆焊接；如原吊筋位置不符或无预留吊筋时，采用M8膨胀螺栓在顶板上固定，吊杆采用φ8钢筋加工；

（2）根据吊顶标高安装大龙骨，基本定位后调节吊挂抄平下皮（注意起拱量）；再根据板的规格确定中、小龙骨位置，中、小龙骨必须和大龙骨底面贴紧，安装垂直吊挂时应用钳夹紧，防止松紧不一；

（3）主龙骨间距一般为1000mm，龙骨接头要错开；吊杆的方向也要错开，避免主龙骨向一边倾斜。用吊杆上的螺栓上下调节，保证一定起拱度，视房间大小起拱5mm~20mm，房间短向1/200，待水平度调好后再逐个拧紧螺帽。开孔位置需将大龙骨加固；

（4）施工过程中注意各工种之间配合，待顶棚内的风口、灯具、消防管线等施工完毕，并通过各种试验后方可安装面板；

（5）纸面石膏板商标要朝上，板用自攻钉固定，并经过防潮处理，安装时先将板就位，用直径小于自攻钉直径的钻头将板与龙骨钻通，再用自攻钉拧紧，自攻钉钉距150mm~170mm，距边不小于15mm 略深入板面1mm左右；

（6）板要在自由状态下固定，不得出现弯棱、凸鼓现象；板长边沿纵向次龙骨铺设；固定板用的次龙骨间距不应大于600mm；

（7）安装双层石膏板时，面层板与基层板的接缝应错开，不得在同一根龙骨上接缝；

（8）螺钉头宜略埋入板内，并不得使纸面破损，钉眼应防锈并用石膏腻子抹平。

三、质量标准

（1）主控项目

①吊顶标高、尺寸、起拱和造型应符合设计要求；

②饰面材料的材质、品种、规格、图案和颜色应符合设计要求；

③暗龙骨吊顶工程的吊杆、龙骨和饰面材料的安装必须牢固；

④吊杆、龙骨的材质、规格、安装间距及连接方式应符合设计要求。金属吊杆、龙骨应经过表面防腐处理；木吊杆、龙骨应进行防腐、防火处理；

⑤石膏板的接缝应按其施工工艺标准进行板缝防裂处理。安装双层石膏板时，面层板与基层板的接缝应错开，并不得在同一根龙骨上接缝。

（2）一般项目

①饰面材料表面应洁净、色泽一致，不得有翘曲、裂缝及缺损。压条应平直、宽窄一致；

②饰面板上的灯具、烟感器、喷淋头、风口篦子等设备的位置应合理、美观，与饰面板的交接应吻合、严密；

③金属吊杆、龙骨的接缝应均匀一致，角缝应吻合，表面应平整，无翘曲、锤印。木质吊杆、龙骨应顺直，无劈裂、变形；

④吊顶内填充吸声材料的品种和铺设厚度应符合设计要求，并应有防散措施。

第十节　玻璃隔墙安装

一、施工准备
玻璃隔墙所用之玻璃品种和厚度按设计要求选用。

二、操作工艺
1. 施工时，先按图纸尺寸在墙上弹出垂线，并在地面及顶棚上弹出隔墙的位置线；

2. 根据已弹出的位置线，按照设计规定的下部做法（砌砖、板条、罩面板）完成下半部，并与两端的砖墙锚固；

3. 做上部玻璃隔墙时，先检查木砖是否已按规定埋设，然后按弹线先立靠墙立筋，并用钉子与墙上木砖钉牢；再钉上、下槛及中间楞木。

三、主控项目
（1）玻璃隔墙工程所用材料的品种、规格、性能。图案和颜色应符合设计要求。玻璃板隔墙应使用安全玻璃；

（2）玻璃砖隔墙砌筑中埋设的拉结筋必须与基体结构连接牢固，并应位置正确；

（3）玻璃板隔墙的安装必须牢固。玻璃板隔墙胶垫的安装应正确。

四、一般项目
（1）玻璃隔墙表面应色泽一致、平整洁净、清晰美观；

（2）玻璃隔墙接缝应横平竖直，玻璃应无裂痕、缺损和划痕；

（3）玻璃板隔墙嵌缝及玻璃砖隔墙勾缝 应密实平整、均匀顺直、深浅一致。

第十一节　壁柜、吊柜及固定家具安装

一、材料要求

（1）壁柜、吊柜木制品由工厂加工成品或半成品，木才含水率不得超过12%。加工的框和扇进场时应对型号、质量进行核查，需有产品合格证；

（2）其他材料：防腐剂、插销、木螺丝、拉手、锁、碰珠、合页按设计要求的品种、规格备齐。

二、主要机具

（1）电焊机、手电钻；

（2）大刨、二刨、小刨、裁口刨、木锯、斧子、扁铲、木钻、丝锥、螺丝刀、钢水平尺、凿子、钢锉、钢尺。

三、作业条件

（1）结构工程和有关壁柜、吊柜的构造连体已具备安装壁柜和吊柜的条件，室内已有标高水平线；

（2）壁柜框、扇进场后及时将加工品靠墙、贴地，顶面应涂刷防腐涂料，其他各面应涂刷底油一道，然后分类码放，应平整，底层垫平、保持通风，一般不应露天存放；

（3）壁柜、吊柜的框和扇，在安装前应检查有无窜角、翘扭、弯曲、壁裂，如有以上缺陷，应修理合格后，再进行拼装。吊柜钢骨架应检查规格，有变形的应修正合格后进行安装；

（4）壁柜、吊柜的框安装应在抹灰前进行；扇的安装应在抹灰后进行。

四、操作工艺

1. 工艺流程

找线定位→框、架安装→壁柜、隔板、支点安装→壁（吊）柜扇安装→五金安装。

2. 找线定位

抹灰前利用室内统一标高线，按设计施工图要求的壁柜、吊柜标高及上下口高度，考虑抹灰厚度的关系，确定相应的位置。

3. 框、架安装

壁柜、吊柜的框和架应在室内抹灰前进行，安装在正确位置后，两侧框每个固定件钉2个钉子与墙体木砖钉固，钉帽不得外露。若隔断墙为加气混凝土或轻质隔板墙时，应按设计要求的构造固定。如设计无要求时可预钻φ5mm孔，深70mm~100mm，并事先在孔内预埋木楔粘108胶水泥浆，打入孔内粘结牢固后再安装固定柜。采用钢柜时，需在安装洞口固定框的位置预埋铁件，进行框件的焊固。在框、架固定时，应先校正、

套方、吊直、核对标高、尺寸、位置准确无误后再进行固定。

4. 壁柜隔板支点安装

按施工图隔板标高位置及要求的支点构造安设隔板支点条（架），木隔板的支点，一般是将支点木条钉在墙体木砖上，混凝土隔板一般是"匚"形铁件或设置角钢支架。

5. 壁（吊）柜扇安装

（1）按扇的安装位置确定五金型号、对开扇裁口方向，一般应以开启方向的右扇为盖口扇；

（2）检查框口尺寸。框口高度应量上口两端；框口宽度，应两侧框间上、中、下三点，并在扇的相应部位定点划线；

（3）根据划线进行框扇第一次修刨，使框、扇留缝合适，试装并划第二次修刨线，同时划出框、扇合页槽位置，注意划线时避开上下冒头；

（4）铲、剔合页槽安装合页：根据标划的合页位置，用扁铲凿出合页边线，即可剔合页槽；

（5）安装。安装时应将合页先压入扇的合页槽内，找正拧好固定螺丝，试装时修合页槽的深度等，调好框扇缝隙，框上每支合页先拧一个螺丝，然后关闭，检查框与扇平整、无缺陷，符合要求后将全部螺丝安上拧紧。木螺丝应钉入全长1/3，拧入2/3，如框、扇为黄花榈或其他硬木时，合页安装螺丝应划位打眼，孔径为木螺丝的0.9倍直径，眼深为螺丝的2/3长度；

（6）安装对开扇。先将框、扇尺寸量好，确定中间对口缝、裁口深度，划线后进行刨槽，试装合适时，先装左扇，后装盖扇。

6. 五金安装

五金的品种、规格、数量按设计要求安装，安装时注意位置的选择，无具体尺寸时操作就按技术交底进行，一般应先安装样板，经确认后大面积安装。

五、成品保护

（1）木制品进场及时刷底油一道，靠墙面应刷防腐剂处理；钢制品应刷防锈漆，入库存放；

（2）安装壁柜、吊柜时，严禁碰撞抹灰及其他装饰面的口角，防止损坏成品面层；

（3）安装好的壁柜隔板，不得拆动，保护产品完整。

六、应注意的质量问题

（1）抹灰面与框不平，造成贴脸板、压缝条不平：主要是因框不垂直，面层平度不一致或抹灰面不垂直；

（2）柜框安装不牢：预埋木砖安装时碰活动，固定点少，用钉固定时，要数量够，木砖埋牢固；

（3）合页不平，螺钉松动，螺帽不平正，缺螺钉，主要原因是合页槽深浅不一，安装时螺钉钉打入太长，操作时螺钉打入长度1/3，拧入深度应2/3，不得倾斜；

（4）柜框与洞口尺寸误差过大，造成边框与侧墙、顶与上框间缝隙过大，注意结构施工留洞尺寸，严格检查确保洞口尺寸。

七、质量标准

1. 主控项目

（1）橱柜制作与安装所用材料的材质和规格、木材的燃烧性能等级和含水率、花岗石的放射性及人造木板的甲醛含量应符合设计要求及国家现行标准的有关规定；

（2）橱柜安装预埋件或后置埋件的数量、规格、位置应符合设计要求；

（3）橱柜的造型、尺寸、安装位置、制作和固定方法应符合设计要求，橱柜安装必须牢固；

（4）橱柜配件的品种、规格应符合设计要求。配件应齐全，安装应牢固；

（5）橱柜的抽屉和柜门应开关灵活、回位正确。

2. 一般项目

（1）橱柜表面应平整、洁净、色泽一致，不得有裂缝、翘曲及损环；

（2）橱柜裁口应顺直、拼缝应严密；

（3）橱柜安装的允许偏差和检验方法应符合相关规定。

第十二节　卫生洁具安装

一、施工准备

1. 材料要求

（1）卫生洁具的规格、型号必须符合设计要求；并有出厂产品合格证。卫生洁具外观应规矩、造型周正，表面光滑、美观、无裂纹，边缘平滑，色调一致；

（2）卫生洁具零件规格应标准，质量可靠，外表光滑，电镀均匀，螺纹清晰，锁母松紧适度，无砂眼、裂纹等缺陷；

（3）卫生洁具的水箱应采用节水型；

（4）其他材料：镀锌管件、皮钱截止阀、八字阀门、水嘴、丝扣返水弯、排水口、镀锌燕尾螺栓、螺母、胶皮板、铜丝、油灰、铅皮、螺栓、焊锡、熟盐酸、铅油、麻丝、石棉绳、白水泥、白灰膏等均应符合材料标准要求。

2. 主要机具

（1）机具：套丝机、砂轮机、砂轮锯、手电钻、冲击钻；

（2）工具：管钳、手锯、铁、布剪子、活扳手、自制死扳手、叉扳手、手锤、手铲、錾子、克丝钳、方锉、圆锉、螺丝刀、烙铁等；

（3）其他：水平尺、划规、线坠、小线、盒尺等。

3. 作业条件

（1）所有与卫生洁具连接的管道压力、闭水试验已完毕，并已办好隐预检手续；

（2）浴盆的稳装应待土建做完防水层及保护层后配合土建施工进行；

（3）其他卫生洁具应在室内装修基本完成后再进行稳装。

二、操作工艺

（1）工艺流程为：安装准备→卫生洁具及配件检验→卫生洁具安装→卫生洁具配件预装→卫生洁具稳装→卫生洁具与墙、地缝隙处理→卫生洁具外观检查→通水试验。

（2）卫生洁具在稳装前应进行检查、清洗，配件与卫生洁具应配套，部分卫生洁具应先进行预制再安装。

三、成品保护

（1）洁具在搬运和安装时要防止磕碰。稳装后洁具排水口应用防护用品堵好，镀铬零件用纸包好，以免堵塞或损坏；

（2）在釉面砖、水磨石墙面剔孔洞时，宜用电钻或先用小錾子轻剔掉釉面，待剔至砖底灰层处方可用力，但不得过猛，以免将面层剔碎或震成空鼓现象；

（3）洁具稳装后，为防止配件丢失或损坏，如拉链、堵链等材料、配件应在竣工前统一安装；

（4）安装完的洁具应加以保护，防止洁具瓷面受损和整个洁具损坏；

（5）通水试验前应检查地漏是否畅通，分户阀门是否关好，然后按层段分房间逐一进行通水试验，以免漏水使装修工程受损；

（6）在冬期室内不通暖时，各种洁具必须将水放净。存水弯应无积水，以免将洁具和存水弯冻裂。

四、应注意的质量问题

（1）蹲便器不平，左右倾斜。原因是稳装时，正面和两侧垫砖不牢，焦渣填充后，没有检查，抹灰后不好修理，造成高水箱与便器不对中；

（2）高、低水箱拉、扳把不灵活。原因是高、低水箱内部配件安装时，三个主要部件在水箱内位置不合理，高水箱进水、拉把应放在水箱同侧。以免使用时互相干扰；

（3）镀铬零件表面被破坏。原因是安装时使用管钳，应采用平面扳手或自制扳手；

（4）坐便器与背水箱中心没对正，弯管歪扭。原因是划线不对中，便器稳装不正或先稳背箱，后稳便器；

（5）坐便器周围离开地面。原因是下水管口预留过高，稳装前没修理；

（6）立式小便器距墙缝隙太大。原因是甩口尺寸不准确；

（7）洁具溢水失灵。原因是下水口无溢水眼；

（8）通水之前，将器具内污物清理干净，不得借通水之便将污物冲入下水管内，以免管道堵塞。

（9）严禁使用未经过滤的白灰粉代替白灰膏安装卫生设备，避免造成卫生设备胀裂。

五、质量标准

1. 主控项目

（1）排水栓和地漏的安装应平正、牢固，低于排水表面，周边无渗漏，地漏水封高度不得小于50mm；

（2）卫生器具交工前应做满水和通水试验。

2. 一般项目

（1）卫生器具安装的允许偏差应符合相关规定；

（2）有饰面的浴盆，应留有通向浴盆排水口的检修门；

（3）小便槽冲洗管，应采用镀锌钢管或硬质塑料管。冲洗孔应斜向下方安装，冲洗水流同墙面成45°角，镀锌钢管钻孔后应进行两次镀锌；

（4）卫生器具的支、托架必须防腐良好，安装平整、牢固，与器具接触紧密、平稳。

第十三节　开关、插座面板、灯具安装

一、施工准备

1. 材料要求

（1）各型开关规格型号必须符合设计要求，并有产品合格证；

（2）各型插座、规格型号必须符合设计要求，并有产品合格证；

（3）其他材料金属膨胀螺栓、塑料胀管、镀锌木螺钉、镀锌机螺钉、木砖等。

2. 主要机具

（1）红铅笔、卷尺、水平尺、线坠、绝缘手套、工具袋、高凳等；

（2）手锤、錾子、剥线钳、尖嘴钳、扎锥、丝锥、套管、电钻、电锤、钻头、射钉枪等。

3. 作业条件

（1）各种管路、盒子已经敷设完毕，盒子收口平整；

（2）线路的导线已穿完，并已做完绝缘摇测；

（3）墙面的浆活、油漆及壁纸等内装修工作均已完成。

二、操作工艺

1. 工艺流程：清理→结线→安装

2. 清理

用錾子轻轻地将盒子内残存的灰块剔掉，同时将其他杂物一并清出盒外，再用湿布将盒内灰尘擦净。

3. 结线

（1）一般结线规定

①开关结线

同一场所的开关切断位置一致，且操作灵活，接点接触可靠。灯具的相线应经开关控制。多联开关不允许拱头连接，应采用LC型压接帽压接总头后，再进行分支连接。

②插座箱多个插座导线连接时，不允许拱头连接，应采用LC型压接帽压接总头后，再进行分支线连接。

4. 安装开关、插座准备

先将盒内甩出的导线留出维修长度，削出线芯，注意不要碰伤线芯，将导线按顺时针方向盘绕在开关，插座对应的接线柱上，然后旋紧压头，如果是独芯导线，也可将线芯直接插入接线孔内，再用顶丝将其压紧。注意线芯不得外露。

（1）开关、插座安装

①一般安装规定

开关安装规定

a. 开关面板距地面的高度为1.4m，距门口为150mm~200mm；

b. 开关不得置于单扇门后，暗装开关的面板应端正、严密并与墙面平；

c. 开关位置应与灯位相对应，同一室内开关方向应一致；

d. 成排安装的开关高度应一致，高低差不大于2mm。

②插座安装规定

a. 暗装和工业用插座距地面不应低于30cm；

b. 同一室内安装的插座高低差不应大于5mm；成排安装的插座高低差不应大于2mm；

c. 暗装的插座应有专用盒，盖板应端正严密并与墙面平；

d. 落地插座应有保护盖板。

（2）开关、插座安装

①暗装开关、插座

②按接线要求，将盒内甩出的导线与开关、插座的面板连接好，将开关或插座推入盒内（如果盒子较深，大于2.5m时，应加装套盒），对正盒眼，用机螺钉固定牢

固。固定时要使面板端正，并与墙面平齐。

三、成品保护

（1）安装开关、插座时不得碰坏墙面，要保持墙面的清洁；

（2）开关、插座安装完毕后，不得再次进行喷浆，以保持面板的清洁；

（3）其他工种在施工时，不要碰坏和碰歪开关、插座。

四、应注意的质量问题

（1）开关、插座的面板不平整，与建筑物表面之间有缝隙，应调整面板后再拧紧固定螺钉，使其紧贴建筑物表面；

（2）开关未断相线，插座的相线、零线及地线压接混乱，应按要求进行改正；

（3）多灯房间开关与控制灯具顺序不对应。在接线时应仔细分清各路灯具的导线，依次压接，并保证开关方向一致；

（4）固定面板的螺钉不统一（有一字和十字螺钉）。为了美观，应选用统一的螺钉；

（5）同一房间的开关、插座的安装高度这差超出允许偏差范围，应及时更正；

（6）铁管进盒护口脱落或遗漏，安装开关、插座接线时，应注意把护口带好；

（7）开关、插座面板已经上好，但盒子过深（大于2.5cm），未加套盒处理，应及时补上；

（8）开关、插销箱内拱头接线，应改为鸡爪接导线总头，再分支导线接各开关或插座端头。或者采用LC安全型压线帽压接总头后，再分支进行导线连接。

五、开关插座面板安装质量标准

1. 主控项目

（1）插座接线应符合下列规定

①单相两孔插座，面对插座的右孔或上孔与相线连接，左孔或下孔与零线连接；单相三孔插座，面对插座的右孔与相线连接，左孔与零线连接；

②单相三孔、三相四孔及三相五孔插座的接地（PE）或接零（PEN）线接在上孔。插座的接地端子不与零线端子连接。同一场所的三相插座，接线的相序一致；

③接地（PE）或接零（PEN）线在插座间不串联连接。

（2）特殊情况下插座安装应符合下列规定

①当接插有触电危险家用电器的电源时，采用能断开电源的带开关插座，开关断开相线；

②潮湿场所采用密封并带保护地线触头的保护型插座，安装高度不低于1.5m。

2. 一般项目

（1）插座安装应符合下列规定

①暗装的插座面板紧贴墙面，四周无缝隙，安装牢固，表面光滑整洁、无碎裂、

划伤，装饰帽齐全；

②地插座面板与地面齐平或紧贴地面，盖板固定牢固，密封良好。

（2）照明开关安装应符合下列规定

①开关安装位置便于操作，开关边缘距门框边缘的距离0.15m~0.2m，开关距地面高度1.3m；

②相同型号并列安装及同一室内开关安装高度一致，且控制有序不错位。并列安装的拉线开关的相邻间距不小于20mm；

③暗装的开关面板应紧贴墙面，四周无缝隙，安装牢固，表面光滑整洁、无碎裂、划伤。装饰帽齐全。

六、灯具安装质量标准

1. 主控项目

（1）灯具固定牢固可靠；

（2）花灯吊钩园钢直径不小于灯具挂销直径。大型花灯的固定及悬吊装置按灯具重量的两倍做过载试验；

（3）当灯具距地面高度小于2.4m 时，灯具的可接近裸露导体必须接地（PE）或接零（PEN）可靠，并应有专用接地螺栓。

2. 一般项目

（1）灯具及其配件齐全，无机械损伤、变形、涂层剥离和灯罩破裂等缺陷；

（2）灯头的绝缘外壳不破损和漏电。

[参考文献]

[1]涂华林. 室内装饰材料与施工技术[M]. 武汉：武汉理工大学出版社，2008

[2]张玉明. 建筑装饰材料与施工工艺[M]. 济南：山东科学技术出版社，2006

[3]陆立颖等. 建筑装饰材料与施工工艺[M]. 上海：东方出版中心，2009

[4]许超. 建筑室内装饰材料的选择和应用[J]. 跨世纪（学术版），2009，17（3）

[5]石谦飞. 建筑室内装饰装修设计中的绿色环保设计[J]. 山西建筑，2005（04）

[6]任伟峰. 浅谈建筑装饰材料在现代室内设计中的作用[J]. 长三角，2010，04（8）

[7] 李砚祖. 环境艺术设计概论[M]. 北京：中国人民大学出版社，2005

[8] 田原，扬冬丹. 装饰材料设计与应用[M]. 北京：中国建筑工业出版社，2006

[9]] 曾文达. 建筑装饰材料[M]. 北京：中国电力出版社，2003

[10] 建筑材料标准汇编（建筑装饰装修材料）[M]. 北京：中国标准出版社，2006

[11] 丁清民，张洛先. 建筑装饰工程材料[M]. 上海：同济大学出版社，2006

[12] 何新闻. 室内设计材料的表现与运用[M]. 长沙：湖南科学技术出版社，2004

[13] 崔冬晖. 室内设计概论[M]. 北京：北京大学出版社，2007

[14] 张旭晨，张雷. 设计表达（一）[M]. 哈尔滨：黑龙江科学技术出版社，1996

[15] 王峰. 环境视觉设计[M]. 北京：中国建筑工业出版社，2005

后　记

众所周知，我国已经成为全球艺术设计教育大国。但如何把艺术设计专业做强，设计教育如何更好地支撑人才发展和社会发展的双重需要仍是我们要迫切解决的现实问题，本套艺术设计通用教材正是基于技能型、应用型和创新型教育理念，理论与实践相结合的原则编写完成。

《装饰材料与工艺》结合艺术设计课程内容需要和职业发展需要，以培养技能型、应用型和创新型人才的目标为出发点，遵循循序渐进、有浅入深的教学规律，将理论和方法，思维与实践训练结合起来，以提高教学质量和学习效果。

特别感谢合肥工业大学出版社编辑对本书编写和出版工作给予热情指导和大力帮助；感谢本书作者淮南师范学院美术系方学兵老师、金刚老师，南京工业职业技术学院周培老师，安徽农业大学武恒老师，同时感谢淮南景程设计史志方给予了大量的协助工作，还有景程设计的章阳提供了一部分设计作品，在大家的共同努力下才得以顺利出版。

教材的编写由于时间仓促，难免不够详尽和完善，敬请指教，留待日后进一步深入修正，书中引用的作品，部分未及与作者沟通，恳请海涵。

王南杰
2011年8月

图书在版编目（CIP）数据

装饰材料与工艺／方学兵，金刚等编著. —合肥：合肥工业大学出版社，2011.8（2024.8重印）
ISBN 978-7-5650-0581-7

Ⅰ.①装… Ⅱ.①方… Ⅲ.①建筑材料：装饰材料②建筑装饰—工程施工 Ⅳ.①TU56②TU767

中国版本图书馆CIP数据核字（2011）第178340号

装饰材料与工艺 方学兵 金刚 周培 武恒 编著 张慧 责任编辑

出 版	合肥工业大学出版社
地 址	安徽省合肥市屯溪路193号
邮 编	230009
电 话	人文社科出版中心：0551—62903205
	营销与储运管理中心：0551—62903163
网 址	press.hfut.edu.cn
E-mail	hfutpress@163.com
版 次	2011年8月第1版
印 次	2024年8月第6次印刷
开 本	889毫米×1194毫米 1/16 印张 7.5
印 刷	安徽联众印刷有限公司
发 行	全国新华书店

ISBN 978-7-5650-0581-7 定价：45.00元